全国水利行业规划教材　高职高专水利水电类
中国水利教育协会策划组织

水利工程建设监理

（第2版·修订版）

主　编　王海周　钱　巍　邢菊香
副主编　崔永华　尹鸿雁　郭丽朋
主　审　张海娥　徐猛勇

黄河水利出版社
·郑　州·

内 容 提 要

本书是全国水利行业规划教材,是根据中国水利教育协会职业技术教育分会高等职业教育教学研究会组织制定的水利工程建设监理课程标准编写完成的。全书共分为五个学习项目,主要介绍水利工程建设监理基础知识,包括水利工程建设监理概述,工程建设质量、投资与进度控制,工程建设合同、信息与安全管理,水利工程建设监理的组织协调及水利工程建设监理实务等内容。

本书适用于高职高专水利水电类专业课程教学,亦可供水利工程施工监理人员参考使用。

图书在版编目(CIP)数据

水利工程建设监理/王海周,钱巍,邢菊香主编—2版.—郑州:黄河水利出版社,2016.6 (2025.1 修订版重印)

全国水利行业规划教材

ISBN 978-7-5509-0709-6

Ⅰ.①水… Ⅱ.①王… ②钱… ③邢… Ⅲ.①水利工程-监理工作-高等职业教育-教材 Ⅳ.①TV523

中国版本图书馆 CIP 数据核字(2016)第 143309 号

组稿编辑:王路平 电话:0371-66022212 E-mail:hhslwlp@ 163.com

出 版 社:黄河水利出版社 网址:www. yrcp. com

地址:河南省郑州市顺河路黄委会综合楼 14 层 邮政编码:450003

发行单位:黄河水利出版社

发行部电话:0371-66026940、66020550、66028024、66022620(传真)

E-mail:hhslcbs@ 126.com

承印单位:河南承创印务有限公司

开本:787 mm×1 092 mm 1/16

印张:12.25

字数:280 千字 印数:8 001—9 000

版次:2010 年 2 月第 1 版 印次:2025 年 1 月第 4 次印刷

2016 年 6 月第 2 版

2025 年 1 月修订版

定价:26.00 元

第2版前言

本书是贯彻落实《国家中长期教育改革和发展规划纲要(2010~2020 年)》、《国务院关于加快发展现代职业教育的决定》(国发〔2014〕19 号)、《现代职业教育体系建设规划(2014~2020 年)》和《水利部教育部关于进一步推进水利职业教育改革发展的意见》(水人事〔2013〕121 号)等文件精神,在中国水利教育协会指导下,由中国水利教育协会职业技术教育分会高等职业教育教学研究会组织编写的第三轮水利水电类专业规划教材。第三轮教材以学生能力培养为主线,体现出实用性、实践性、创新性的教材特色,是一套理论联系实际、教学面向生产的高职教育精品规划教材。

本书第 1 版自 2010 年 2 月出版以来,因其通俗易懂、全面系统、应用性知识突出、可操作性强等特点,受到全国高职高专院校水利类专业师生及广大水利从业人员的喜爱。近几年,我国水利建设事业高速发展,改革进一步深化,政府职能发生了转变,部分规章、条例进行了修改完善,颁布实施了《水利工程施工监理规范》(SL 288—2014)。随着教学模式、教学方法不断更新,教材内容需要及时跟进。为进一步满足教学需要,应广大读者的要求,编者在第 1 版的基础上对原教材内容进行了全面修订、补充和完善。

本次修订版,编者在第 2 版的基础上,根据近年来国家及行业最新颁布的规范、标准等,结合在教学实践中发现的问题和错误,对书稿内容进行了全面系统的修订完善。

本书按新体例编写,共分五个项目、十五个任务,在各任务开篇提出问题,然后给出参考资料,最后要求通过学习完成指定任务。

本书由具有多年教学及工程实践经验的教师编写,具体编写人员及编写分工如下:项目一由河南水利与环境职业学院王海周编写,项目二任务一、任务二由山东水利技师学院尹鸿雁编写,项目二任务三及项目三任务二、三由福建水利电力职业技术学院张继宝编写,项目三任务一由长江工程职业技术学院郭丽朋编写,项目四由内蒙古机电职业技术学院邢菊香编写,项目五任务一、二由河南水利与环境职业学院崔永华编写,项目五任务三、四、五由辽宁生态工程职业学院钱巍编写。本书由王海周、钱巍、邢菊香担任主编,并由王海周负责统稿;由安徽水利水电职业技术学院张海娥、湖南水利水电职业技术学院徐猛勇担任主审。

在本书编写过程中,中科华水工程管理有限公司、辽宁江河水利水电工程建设监理有限公司提供了大量监理实务资料;同时,我们借鉴了许多水利工程建设监理的先进经验,引用了多项法律、法规、条例、规章等的相关内容,在此谨致以诚挚的谢意!

由于编者水平所限,书中难免存在疏漏之处,恳请广大读者批评指正。

编　者

2025 年 1 月

目　录

项目一 水利工程建设监理概述

任务一 水利工程建设管理体制

【请你思考】

你对所见过的水利工程的建设程序了解吗？对建设参与各方有何认识？

【请你参考】

一、水利工程建设程序

《水利工程建设程序管理暂行规定》(水建〔1998〕16号,2014年、2016年、2017年、2019年四次修改)明确水利工程建设程序一般分为:项目建议书、可行性研究报告、施工准备、初步设计、建设实施、生产准备、竣工验收、后评价等阶段。其程序如图1-1所示。

(一)项目建议书

项目建议书应根据国民经济和社会发展长远规划、流域综合规划、区域综合规划、专业规划,按照国家产业政策和国家有关投资建设方针进行编制,是对拟进行建设项目的初步说明。

项目建议书编制一般由政府委托有相应资格的设计单位承担,并按国家现行规定权限向主管部门申报审批。项目建议书被批准后,由政府向社会公布,若有投资建设意向,应及时组建项目法人筹备机构,开展下一项建设程序工作。

(二)可行性研究报告

可行性研究应对项目进行方案比较,在技术上是否可行和经济上是否合理进行科学的分析和论证。经过批准的可行性研究报告,是项目决策和进行初步设计的依据。可行性研究报告由项目法人(或筹备机构)组织编制。

可行性研究报告,按国家现行规定的审批权限报批。申报项目可行性研究报告,必须同时提出项目法人组建方案及运行机制、资金筹措方案、资金结构及回收资金的办法。

可行性研究报告经批准后,不得随意修改和变更,在主要内容上有重要变动,应经原批准机关复审同意。项目可行性研究报告批准后,应正式成立项目法人,并按项目法人责任制实行项目管理。

(三)施工准备

(1)项目可行性研究报告已经批准,年度水利投资计划下达后,项目法人即可开展施工准备工作,其主要内容包括:

①施工现场的征地、拆迁;

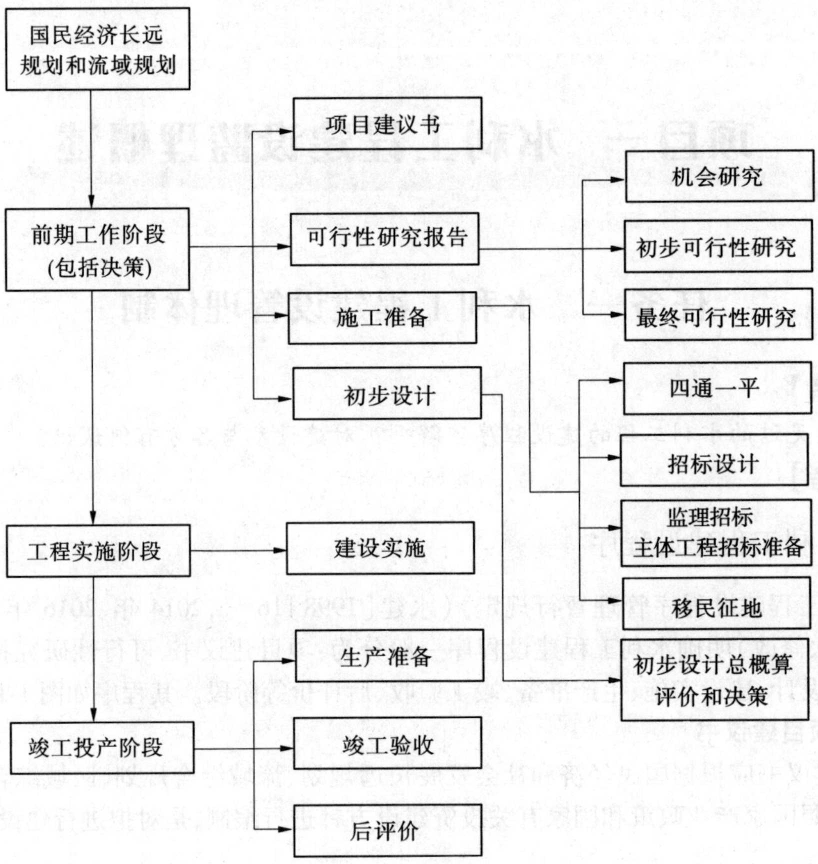

图1-1　水利工程项目建设程序简图

②完成施工用水、电、通信、路和场地平整等工程；

③必需的生产、生活临时建筑工程；

④实施经批准的应急工程、试验工程等专项工程；

⑤组织招标设计、咨询、设备和物资采购等服务；

⑥组织相关监理招标，组织主体工程招标准备工作。

(2)工程建设项目施工，除某些不适应招标的特殊工程项目外(须经水行政主管部门批准)，均须实行招标投标。水利工程建设项目的招标投标，按有关法律、行政法规和《水利工程建设项目招标投标管理规定》等规章规定执行。

(四)初步设计

初步设计是根据批准的可行性研究报告和必要而准确的设计资料，对设计对象进行通盘研究，阐明拟建工程在技术上的可行性和经济上的合理性，规定项目的各项基本技术参数，编制项目的总概算。初步设计任务应择优选择有项目相应资格的设计单位承担，依照有关初步设计编制规定进行编制。

初步设计文件报批前，一般须由项目法人对初步设计中的重大问题组织论证。设计单位根据论证意见，对初步设计文件进行补充、修改、优化。初步设计由项目法人组织审查后，按国家现行规定权限向主管部门申报审批。

设计单位必须严格保证设计质量，承担初步设计的合同责任。初步设计文件经批准后，主要内容不得随意修改、变更，并作为项目建设实施的技术文件基础。如有重要修改、变更，须经原审批机关复审同意。

（五）建设实施

（1）建设实施阶段是指主体工程的建设实施，项目法人按照批准的建设文件，组织工程建设，保证项目建设目标的实现。

（2）水利工程具备《水利工程建设项目管理规定（试行）》（水利部水建〔1995〕128号）规定的开工条件后，主体工程方可开工建设。项目法人或建设单位应当自工程开工之日起15个工作日内，将开工情况的书面报告报项目主管单位和上一级主管单位备案。

（3）项目法人要充分发挥建设管理的主导作用，为施工创造良好的建设条件。项目法人要充分授权工程监理，使之能独立负责项目的建设工期、质量、投资的控制和现场施工的组织协调。监理单位选择必须符合《水利工程建设监理规定》（水利部令第28号）的要求。

（4）要按照“政府监督、项目法人负责、社会监理、企业保证”的要求，建立健全质量管理体系，重要建设项目，须设立质量监督项目站，行使政府对项目建设的监督职能。

（六）生产准备

（1）生产准备是项目投产前所要进行的一项重要工作，是建设阶段转入生产经营的必要条件。项目法人应按照建管结合和项目法人责任制的要求，适时做好有关生产准备工作。

（2）生产准备应根据不同类型的工程要求确定，一般应包括以下主要内容：

①生产组织准备。建立生产经营的管理机构及相应管理制度。

②招收和培训人员。按照生产运营的要求，配备生产管理人员，并通过多种形式的培训，提高人员素质，使之能满足运营要求。生产管理人员要尽早介入工程的施工建设，参加设备的安装调试，熟悉情况，掌握好生产技术和工艺流程，为顺利衔接基本建设和生产经营阶段做好准备。

③生产技术准备。主要包括技术资料的汇总、运行技术方案的制定、岗位操作规程的制定和新技术的准备。

④生产的物资准备。主要是落实投产运营所需要的原材料、协作产品、工器具、备品备件和其他协作配合条件的准备。

⑤正常的生活福利设施准备。

（3）及时具体落实产品销售合同协议的签订，提高生产经营效益，为偿还债务和资产的保值增值创造条件。

（七）竣工验收

（1）竣工验收是工程完成建设目标的标志，是全面考核基本建设成果、检验设计和工程质量的重要步骤。竣工验收合格的项目即从基本建设转入生产或使用。

（2）当建设项目的建设内容全部完成，并经过单位工程验收（包括工程档案资料的验收）符合设计要求，而且按《水利工程建设项目档案管理规定》（水办〔2005〕480号）的要求完成了档案资料的整理工作，完成了竣工报告、竣工决算等必需文件的编制后，项目法人按《水利工程建设项目管理规定(试行)》(水利部水建〔1995〕128号)规定,向验收主管部门提出申请,根据国家和部颁验收规程,组织验收。

(3)竣工决算编制完成后,须由审计机关组织竣工审计,其审计报告应作为竣工验收的基本资料。

(4)工程规模较大、技术较复杂的建设项目可先进行初步验收。不合格的工程不予验收;有遗留问题的项目,对遗留问题必须有具体的处理意见,且有限期处理的明确要求并落实责任人。

(八)后评价

(1)建设项目竣工投产后,一般经过1~2年生产运营后,要进行一次系统的项目后评价,主要内容包括:影响评价——项目投产后对各方面的影响进行评价;经济效益评价——项目投资、国民经济效益、财务效益、技术进步和规模效益、可行性研究深度等进行评价;过程评价——对项目的立项、设计施工、建设管理、竣工投产、生产运营等全过程进行评价。

(2)项目后评价一般按三个层次组织实施,即项目法人的自我评价、项目行业的评价、计划部门(或主要投资方)的评价。

(3)建设项目后评价工作必须遵循客观、公正、科学的原则,做到分析合理、评价公正。通过建设项目的后评价应达到肯定成绩、总结经验、研究问题、吸取教训、提出建议、改进工作、不断提高项目决策水平和投资效果的目的。

以上所述基本建设程序的八项内容,是我国对水利工程建设程序的基本要求,也基本反映了水利工程建设工作的全过程。

二、水利工程建设项目管理体制

水利部《水利工程建设项目管理规定(试行)》(水建〔1995〕128号)指出,水利工程建设要推行项目法人责任制、招标投标制和建设监理制。

(一)项目法人责任制

项目法人责任制是指经营性建设项目由项目法人对项目的策划、资金筹措、建设实施、生产经营、偿还债务和资产的保值增值实行全过程负责的一种项目管理制度。《水利工程建设项目管理规定(试行)》(水建〔1995〕128号)第十六条,对生产经营性的水利工程建设项目要积极推行项目法人责任制;其他类型的项目应积极创造条件,逐步实行项目法人责任制。

(1)工程建设现场的管理可由项目法人直接负责,也可由项目法人组建或委托一个组织具体负责。负责现场建设管理的机构履行建设单位职能。

(2)组建建设单位由项目主管部门或投资各方负责,建设单位需具备下列条件:

①具有相对独立的组织形式。内部机构设置、人员配备能满足工程建设的需要。

②经济上独立核算或分级核算。

③主要行政和技术、经济负责人是专职人员,并保持相对稳定。

(二)招标投标制

《水利工程建设项目管理规定(试行)》(水建〔1995〕28号)第十七条,凡符合由国家投资、中央和地方合资、企事业单位独资、合资及其他投资方式兴建的防洪、除涝、灌溉、发电、供水、围垦等大中型(包括新建、续建、改建、加固、修复)工程建设项目都要实行招标投标制。

(1)水利建设项目施工招标投标工作按国家有关规定或国际采购导则进行,并根据工程的规模、投资方式及工程特点,决定招标方式。

(2)主体工程施工招标应具备的必要条件:

①项目的初步设计已经批准,项目建设已列入计划,投资基本落实。

②项目建设单位已经组建,并具备应有的建设管理能力。

③招标文件已经编制完成,施工招标申请书已经批准。

④施工准备工作已满足主体工程开工的要求。

(3)水利建设项目招标工作,由项目建设单位具体组织实施。招标管理按分级管理原则和管理范围,划分如下:

①水利部负责招标工作的行业管理,直接参与或组织少数特别重大建设项目的招标工作,并做好与国家有关部门的协调工作。

②其他国家和部属重点建设项目及中央参与投资的地方水利建设项目的招标工作,由流域机构负责管理。

③地方大中型水利建设项目的招标工作,由地方水行政主管部门负责管理。

(三)建设监理制

《水利工程建设项目管理规定(试行)》(水建〔1995〕28 号)第十八条,水利工程建设,要全面推行建设监理制。

(1)水利部主管全国水利工程的建设监理工作。

(2)水利工程建设监理单位的选择,应采用招标投标的方式确定。

(3)要加强对建设监理单位的管理,监理工程师必须持证上岗,监理单位必须持证营业。

三、建设监理制

(一)工程建设监理的概念

1. 监理的概念

“监”一般是指从旁监视、督促的意思,是一项目标性很明确的具体行为,将其意思进一步延伸,它有视察、检查、评价、控制等从旁纠偏,督促目标实现的含义。“理”有两个方面的意思,一是指条理、准则;二是指管理、整理。它具有监督、管理的意思,带有管理的职能,即从计划、组织、指挥、协调、控制等方面对事物进行管理,以实现既定的目标。

监理是指由一个机构或执行者,依据一定的行为准则,对某一行为的有关主体进行监督管理,使这些行为符合准则要求,并协助行为主体实现其行为目的。

在实施监理活动的过程中,需要具备的基本条件是:①明确的监理“执行者”,也就是必须有监理组织。②明确的行为“准则”,也就是监理的工作依据。③明确的被监理“对象”,也就是被监理的行为和行为主体。④明确的监理目的和行之有效的监理思想、理论、方法和手段。

2. 工程建设监理的概念

工程建设监理,就是监理的执行者,依据有关工程建设的法律法规和技术标准,综合运用法律、经济、技术手段,对工程建设参与者的行为及其职责、权利,进行必要的协调与约束,促使工程建设的进度、质量和投资按计划实现,避免建设行为的随意性和盲目性,使工程建设目标得以最优实现。

3. 水利工程建设监理的概念

水利工程建设监理,是指具有相应资质的水利工程建设监理单位,受项目法人委托,按照监理合同对水利工程建设项目实施中的质量、进度、资金、安全生产、环境保护等进行的管理活动,包括水利工程施工监理、水土保持工程施工监理、机电及金属结构设备制造监理、水利工程建设环境保护监理。

(二)工程建设监理的内涵

1. 针对项目建设实施的监督管理

工程建设监理是围绕着工程项目建设来展开的,离开了工程项目,就谈不上监理活动。监理单位代表项目法人的利益,依据法规、合同、科学技术、现代方法和手段,对工程项目建设进行程序化管理。

2. 行为主体是监理单位

建设工程监理单位是具有独立性、社会化、专业化等特点的专门从事工程建设监理和其他相关工程技术服务活动的经济组织。监理单位在工程建设中是独立的第三方,只有监理单位才能按照"公正、独立、自主"的原则,开展工程监理工作。建设行政主管部门对工程项目建设行为所实施的监督管理活动、项目建设单位所进行的管理、总承包单位对分包单位进行的监督管理,都不属于工程建设监理范畴。

3. 需要项目法人委托和授权

工程建设监理的实施需要项目法人的委托和授权,这是由工程建设监理的特点所决定的,也是建设监理制所规定的。工程建设监理不是强制性的,而是委托性的,这种委托与政府对工程建设的强制性监督有很大区别。只有监理合同中对工程监理企业进行委托与授权,工程监理企业才能在委托的范围内,根据建设单位的授权,对承建单位的工程建设活动实施科学管理。

4. 有明确依据的工程建设行为

工程建设监理实施的依据主要有国家和建设管理部门颁发的法律、法规、规章及有关政策,国家有关部门颁发的技术规范、技术标准,政府建设主管部门批准的工程项目建设文件,工程承包合同和其他工程建设合同。

5. 现阶段工程监理主要发生在实施阶段

鉴于目前工程监理工作在建设工程投资决策阶段和设计阶段尚未形成系统的、成熟的经验,需要通过实践进一步研究探索,现阶段工程监理主要发生在项目建设的实施阶段。

6. 微观管理活动

政府职能部门从宏观上对工程建设进行管理,通过强制性的立法、执法来规范建筑市场。工程监理属于微观层次,是针对一个具体的工程项目展开的,是紧紧围绕着工程建设项目的各项投资活动和生产活动进行的监督管理,注重具体工作的实际效益。

(三)工程建设监理的性质

工程建设监理是市场经济的产物,是一种特殊的工程建设活动,它具有以下性质。

1. 服务性

服务性是工程建设监理的重要特征之一,是由监理的业务性质决定的。首先,监理单位是智力密集型企业,它本身不是建设产品的直接生产者和经营者,为建设单位提供的是智力服务。监理单位拥有一批多学科、多行业、具有长期从事工程建设工作的丰富实践经验、精通技术与管理、通晓经济与法律的高层次专门人才。一方面,监理单位的监理工程师通过工程建设活动进行组织、协调、监督和控制,保证建设合同的顺利实施,达到建设单位的建设意图;另一方面,监理工程师在工程建设合同的实施过程中,有权监督建设单位和承包单位必须严格遵守国家有关建设标准与规范,贯彻国家的建设方针和政策,维护国家利益和公众利益。从这一意义上理解,监理工程师的工作也是服务性的。监理单位的劳动与相应的报酬是技术服务性的。监理单位与施工企业承包工程造价不同,不参与工程承包的赢利分配,是按其支付脑力劳动量的大小而取得相应的监理报酬。因此,工程监理企业不具有建设工程重大问题的决策权,而只是在委托与授权范围内代表建设单位进行项目管理。工程建设监理的服务性使它与政府对工程建设行政性监督管理活动区别开来。

2. 科学性

科学性是监理单位区别于其他一般服务性组织的重要特征,也是其赖以生存的重要条件。监理单位必须具有发现和解决工程设计及承建单位所存在的技术与管理方面问题的能力,能够提供高水平的专业服务,所以它必须具有科学性。科学性必须以监理人员的高素质为前提,按照国际惯例,监理单位的监理工程师,都必须具有相当的学历,并有长期从事工程建设工作的丰富实践经验,精通技术与管理,通晓经济与法律,经权威机构考核合格并经政府主管部门登记注册,发给证书,才能取得公认的合法资格。监理单位不拥有一定数量这样的人员,就不能正常开展业务,也是没有生命力的。社会监理单位的独立性和公正性也是科学性的基本保证。

3. 独立性

独立性是工程建设监理的又一重要特征,其表现在以下几个方面:第一,监理单位在人际关系、业务关系和经济关系上必须独立,其单位和个人不得与参与工程建设的各方发生利益关系。我国建设监理有关规定指出,监理单位的"各级监理负责人和监理工程师不得是施工、设备制造和材料供应单位的合伙经营者,或与这些单位发生经营性隶属关系,不得承包施工和建材销售业务,不得在政府机关、施工、设备制造和材料供应单位任职"。之所以这样规定,正是为了避免监理单位和其他单位之间的利益牵制,从而保持自己的独立性和公正性,这也是国际惯例。第二,监理单位与建设单位的关系是平等的合同约定关系。监理单位所承担的任务不是由建设单位随时指定的,而是由双方事先按平等协商的原则确立于合同之中的,监理单位可以不承担合同以外建设单位随时指定的任务。如果实际工作中出现这种需要,双方必须通过协商,并以合同形式对增加的工作加以确定。监理委托合同一经确定,建设单位不得干涉监理工程师的正常工作。第三,监理单位在实施监理的过程中,是处于工程承包合同签约双方,即建设单位和承建单位之间的独立一方,它以自己的名义,行使依法成立的监理委托合同所确认的职权,承担相应的职业道德责任和法律责任。

4. 公正性

公正性是监理单位和监理工程师顺利实施其职能的重要条件。监理成败的关键在很大程度上取决于能否与承包商及建设单位进行良好的合作、相互支持、互相配合。而这一切都是以监理的公正性为基础的。公正性也是监理制对工程建设监理进行约束的条件。实施建设监理制的基本宗旨是建立适合社会主义市场经济的工程建设新秩序,为开展工程建设创造安定、协调的环境,为业主和承包商提供公平竞争的条件。建设监理制的实施,使监理单位和监理工程师在工程项目建设中具有重要的地位。所以,为了保证建设监理制的实施,就必须对监理单位及其监理工程师制定约束条件。公正性要求就是重要的约束条件之一。公正性是监理制的必然要求,是社会公认的职业准则,也是监理单位和监理工程师的基本职业道德准则。公正性必须以独立性为前提。

(四)工程建设监理的目标、任务和依据

1. 工程建设监理的目标

就整个建设项目全过程监理而言,工程建设监理的目标就是力求在计划的投资、进度和质量目标内实现建设项目的总目标,阶段监理要力求实现本阶段建设项目的目标。

2. 工程建设监理的任务

工程建设监理的中心任务是指控制工程项目目标,也就是控制合同所确定的投资、进度和质量目标。中心任务的完成是通过各阶段具体的监理工作任务的完成来实现的。监理工作任务的划分见图1-2。我国目前监理工作的重点在施工阶段。

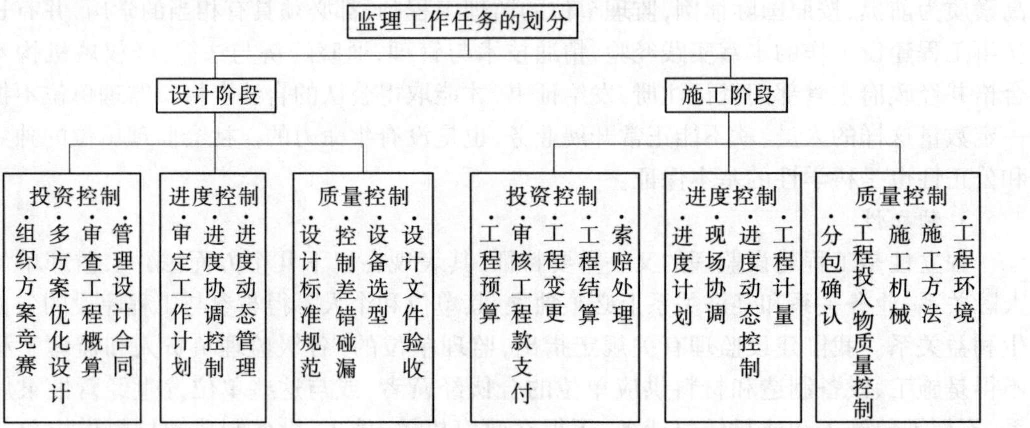

图1-2　监理工作任务的划分

工程建设监理的内容主要是对建设项目进行投资控制、质量控制、进度控制、合同管理、信息管理、安全管理、组织协调等,简称"三控制、三管理、一协调"。

1)工程投资控制

监理单位审核承包商编制的工程项目各阶段及各年、季、月度资金使用计划,并控制其执行,熟悉设计图纸、招标文件、标底(合同价),分析合同价构成因素,找出工程费用最易突破的部分,从而明确投资控制的重点,预测工程风险及可能发生索赔的原因,制定防范性对策,严格执行付款审核签订制度,及时进行工程投资实际值与计划值的比较、分析,严格履行计量与支付程序,及时对质量合格工程进行计量,及时审核签发付款证书等。

设计单位的设计变更通知,应通知监理单位,监理工程师应核定费用及工期的增减,列入工程结算。

严格审核承包商提交的工程结算书,公正地处理承包商提出的索赔。

根据施工合同拟定的工程价款结算方式,由承包商按已完工程进度填制工程价款等有关账单并报送监理单位,由总监理工程师对已完工程的数量、质量核实签证后,经建设单位同意,送开户银行作为支付价款的依据。

2)工程质量控制

工程所需的主要原材料、构配件及设备应由监理单位进行质量认定,其主要控制内容一般有:审核工程所用原材料、构配件及设备的出厂合格证或质量保证书;对工程原材料、构配件及设备在使用前需进行抽检或复试其试验的范围,按有关规定、标准的要求确定;凡采用新材料、新型制品,应检查技术鉴定文件;对重要原材料、构配件及设备的生产工艺、质量控制、检测手段等进行检查,必要时应到生产厂家实地进行考察,以确定供货单位;所有设备在安装前,应按相应技术说明书的要求进行质量检查,必要时还应由法定检测部门检测。

监理机构可通过现场察看、查阅施工记录,旁站监理,跟踪检测和平行检测等方式,对施工质量进行控制;应加强重要隐蔽单元工程和关键部位单元工程的质量控制,注重对易引起渗漏、冻融、冰蚀、冲刷、气蚀等部位的质量控制;应要求承包人按施工合同约定及有关规定对工程质量进行自检,合格后方可报监理机构复核;应定期或不定期对承包人的人员、原材料、中间产品、工程设备、施工设备、工艺方法、施工环境和工程质量等进行巡视、检查;单元工程(工序)的质量评定未经监理机构复核或复核不合格,承包人不得开始下一单元工程(工序)的施工;需要进行编录的工程隐蔽部位,承包人应报请设代机构进行地质编录,并及时告知监理机构;当发现由于承包人使用的原材料、中间产品、工程设备及施工设备或其他原因可能导致工程质量不合格或造成质量问题时,应及时发出指示,要求承包人立即采取措施纠正,必要时,责令其停工整改。监理机构应对要求承包人纠正问题的处理结果进行复查,并形成复查记录,确认问题已经解决;发现施工环境可能影响工程质量时,应指示承包人采取消除影响的有效措施。必要时要求其暂停施工;应对施工过程中出现的质量问题及其处理措施或遗留问题进行详细记录,保存好相关资料。

3)工程进度控制

工程进度控制的工作一般包括以下内容:

(1)审核施工单位编制的工程项目实施总进度计划。

(2)审核施工单位提交的施工进度计划,审核施工进度计划与施工方案的协调性和合理性等。

(3)审核施工单位提交的施工总平面布置图。

(4)审定材料、构配件及设备的采购供应计划。

(5)工程进度的检查,主要检查计划进度与实际进度的差异,实际工程量与计划工程量指标完成情况的一致性。

4)合同管理

合同管理是监理工作的主要内容。广义地讲,监理工作可概括为监理单位受项目法人的委托,协助项目法人组织工程项目建设合同的订立、签订,并在合同实施过程中管理合同。狭义的合同管理指合同文件管理、会议管理、支付、合同变更、违约、索赔及风险分担、合同争议协调等。

5)信息管理

信息管理是项目建设监理的重要手段。信息是反映客观事物规律的一种数据,是人们决策的重要依据。信息管理是项目工程监理的重要手段。只有及时、准确地掌握项目建设中的信息,严格、有序地管理各种文件、图纸、记录、指令、报告和有关技术资料,完善信息资料的接收、签发、归档和查询等制度,才能使信息及时、完整、准确和可靠地为工程监理提供工作依据,以便及时采取有效的措施,有效地完成监理任务。计算机信息管理系统是现代工程建设领域信息管理的重要手段。

如小浪底水利枢纽工程,聘用加拿大国际工程管理公司(CIPM)负责小浪底水利枢纽工程投资前的咨询和建设准备阶段的咨询。工程开工之初,CIPM 专家提出了一个计算机文函管理系统,根据这个系统,项目法人、监理人与承包人的来往信函均要编码存入计算机的数据库。由于受传统习惯做法的影响,一些人认为过去手工存档也把工程建设成了,没有必要采用这么烦琐的计算机文函管理系统。但实践证明,采用了该系统,尽管计算机输入非常枯燥,但监理人处理承包人提出的索赔时,能及时、准确地提供信息。一个工程的施工过程,信息的表现形态是数据和往来的文函。

6)安全管理

项目监理机构应当审查施工单位提出的施工组织设计中的安全技术措施或者专项施工方案是否符合工程建设强制性标准,并按照法律、法规和工程建设强制性标准对安全生产实施监理,对工程安全生产承担监理责任。

项目监理机构在实施监理过程中,发现存在质量缺陷和安全事故隐患时,应当要求施工单位整改;发现存在重大质量和安全事故隐患时,应当要求施工单位停工整改,并及时报告建设单位;施工单位拒不整改或者不停止施工的,项目监理机构应当及时向有关水行政主管部门或流域管理机构或其委托的安全监督机构及项目法人报告。

7)组织协调

在工程项目实施过程中,存在大量的组织协调工作,项目法人和承包商之间由于各自的经济利益和对问题的不同理解,就会产生各种矛盾和冲突;在项目建设过程中,多部门、多单位以不同的方式为项目建设服务,他们难免会发生各种冲突。因此,监理人及时、准确地做好协调工作,是建设项目顺利进行的重要保证。

3.三大控制目标之间的关系

工程建设项目质量、进度、投资这三大目标之间的关系,是既相互对立又相互统一的,如图1-3所示。图中三角形内部,表示三个目标之间的矛盾关系,三角形外部,表示三个目标之间的统一关系。三个目标之间是相互关联的,任何一个目标发生变化,都必将影响其他两个目标。所以,在对建设项目的任一目标实施控制的同时,应兼顾其他两个目标,以维持建设项目目标体系的整体平衡。良好的建设项目管理任务,就是要通过合理的组织、协调、控制和管理，达到质量、进度、投资整体最佳组合的目标。

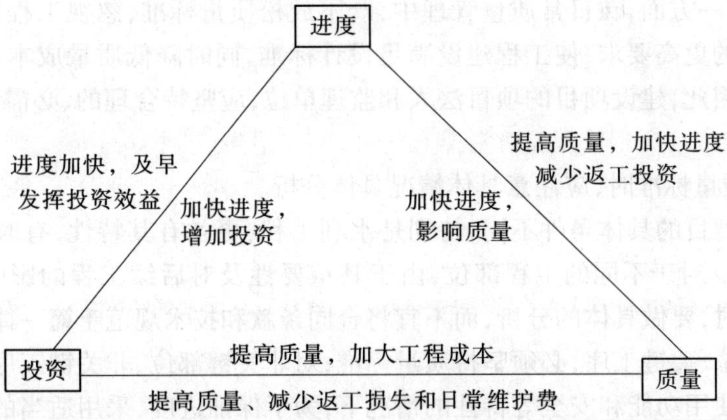

图 1-3　进度、投资、质量三者关系

1)三大目标是对立统一体

工程项目进度、投资、质量三大目标是相互制约、相互影响的对立统一体。例如，投资与进度的关系，加快进度往往要增加投资；而加快进度提早投产就可能增加收入，提高投资效益。又如，进度与质量的关系，加快进度有可能影响质量；而质量控制严格，不返工，进度则会加快。投资与质量的关系也是这样，提高质量可能要增加投资；而质量控制严了，可以减少经常的维护费用，提高投资效益。因此，工程的三大控制是相辅相成的，只谈任一方面的控制都是无意义的。

2)三大目标的优先次序

三大目标在不同时期，重要性不同。三大目标优先次序的确认至关重要，它关系到监理工作的重点。对于大型水利工程，投资大，工期长，但一旦建成投产，收益又是巨大的，项目法人可能愿意花合适的额外投资以获得进度的加快，使工程能提前或按时投产。因此，在水利工程中，进度在三大目标中往往显得尤为重要。

在处理三者的矛盾时，应注意以下几点：

(1)必须坚持“质量第一”的观点。

对于水利工程，由于它对国民经济有着十分重大的影响，水利工程的失事，会造成巨大的财产损失，因此更应该始终把工程质量放在首位。越是赶进度，越是要注意质量控制。实践证明，为了赶进度而忽视质量，由此发生质量事故所造成的返工，往往会大大拖延工程进度，造成巨大的经济损失。所以，在三个控制目标中，进度与投资应服从质量控制的要求。

(2)应注意坚持合理的、必要的质量，而不是苛求质量。

建设项目的质量目标是根据该工程的规模、重要性、技术的复杂性和用户的需要等因素确定的。在水利工程中，则根据规范确定枢纽或建筑物的等级，采取相应的参数。质量目标越高相应的投资越大，进度越慢。工程质量控制并不是一味地追求工程建设的绝对完美，而应注重工程质量的成本管理。一方面，围绕工程质量成本的组成，对工程质量成本各种数据进行收集、汇总,分析施工对质量的投入,判定工程质量的保证程度,平衡资源的匮乏与浪费;另一方面,在日常质量管理中,既不放松质量标准,忽视工程质量,也不提出超出质量标准的更高要求,使工程建设满足设计标准,同时降低质量成本,提高工程建设的经济效益。因此,建设项目的项目法人和监理单位,应坚持合理的、必需的质量,而不是苛求质量。

(3)在掌握质量标准时,应注意具体情况具体分析。

由于各工程项目的具体条件不同,特别是水利工程,更各有其特性,有时很难用规范和标准"一刀切"。对于不同的工程部位,由于其重要性及对后续工程的影响不同,因此在掌握质量标准时,要做具体的分析,而不宜将合同条款和技术规范千篇一律地到处生搬硬套。对关键部位、关键工序,必须坚持质量标准;对非关键部位、非关键工序,经过验证,在不影响工程的使用功能和安全等特性的情况下,为了保证进度,采用适当的质量标准也是必要的。

4. 工程建设监理的主要依据

工程建设监理的主要依据可以概括为以下几个方面的内容:

(1)国家和部门制定颁发的法律、法规及有关政策。

(2)技术规范、规程和标准。主要包括国家有关部门颁发的设计规范、技术标准、质量标准及各种施工规范、验收规程等。

(3)政府主管部门批准的建设文件、设计文件。

(4)依法签订的合同。主要包括工程建设监理合同、施工合同、设计合同、勘察合同、设计文件、物资采购合同等。

5. 水利工程建设监理的范围

《水利工程建设监理规定》(水利部令第28号)第三条,水利工程建设项目依法实行建设监理。

总投资200万元以上且符合下列条件之一的水利工程建设项目,必须实行建设监理:

(1)关系社会公共利益或者公共安全的。

(2)使用国有资金投资或者国家融资的。

(3)使用外国政府或者国际组织贷款、援助资金的。

铁路、公路、城镇建设、矿山、电力、石油天然气、建材等开发建设项目的配套水土保持工程,符合上述规定条件的,应当按照《水利工程建设监理规定》开展水土保持工程施工监理。

【请你完成】

1. 简述水利工程项目的建设程序。
2. 简述工程建设监理的概念。
3. 简述建设监理的三大控制目标及其相互关系。
4. 简述水利工程建设监理的范围。

任务二 水利工程建设监理单位

【请你思考】

你对水利工程监理单位的设立、资质取得及其承包范围等了解到何种程度？知道他们如何取得相应报酬吗？

【请你参考】

监理单位是指取得工程监理资质证书，具有法人资格的监理公司、监理事务所和兼承监理业务的工程设计科学研究及建设工程咨询的单位。

监理单位具有以下主要特征：

(1)依法成立。监理单位必须依法成立。我国政府对监理市场实行市场准入控制管理。

(2)是中介服务单位。从市场角度定位，监理单位属于中介服务性质的单位，它受业主的委托而承担监理任务，向业主提供专业化服务。

(3)公正、独立。监理单位在实施监理过程中，是以业主和承包商合同之外的独立的第三方名义开展监理业务。

监理单位不得从事所监理工程的施工和建筑材料、构配件及建筑机械、设备的经营活动。

一、监理单位的设立

按照我国现行法律、法规的规定，我国监理单位的组织形式按资本主体分为独资监理企业、合资监理企业、股份监理企业；按资质条件分为甲级、乙级、丙级；按工程类别（工程性质和技术特点）分为14种，如房建、市政公用、机电安装等。

无论哪种形式的监理单位，要想开展正常的生产经营活动，必须具备一定的技术能力、管理水平、固定的场所、一定数量的注册资本等，并经国家工商行政管理机构登记注册取得相应的监理单位资质证书后方可开业运营。

我国《水利工程建设监理单位资质管理办法》（2019年5月10日修改）规定，水利工程监理单位的资质分为水利工程施工监理、水土保持工程施工监理、机电及金属结构设备制造监理和水利工程建设环境保护监理四个专业。其中，水利工程施工监理专业资质和水土保持工程施工监理专业资质分为甲级、乙级和丙级三个等级，机电及金属结构设备制造监理分为甲级、乙级两个等级，水利工程建设环境保护监理专业资质暂不分级。

（一）甲级监理单位资质条件

(1)具有健全的组织机构、完善的组织章程和管理制度。技术负责人具有高级专业技术职称，并取得监理工程师资格证书。

(2)专业技术人员。监理工程师以及其中具有高级专业技术职称的人员，均不少于表1-1规定的人数。造价工程师不少于3人。

(3)具有五年以上水利工程建设监理经历，且近3年监理业绩分别为：

①申请水利工程施工监理专业资质，应当承担过（含正在承担，下同）1项Ⅱ等水利枢纽工程，或者2项Ⅱ等（堤防2级）其他水利工程的施工监理业务；该专业资质许可的监理范围内的近3年累计合同额不少于600万元。

承担过水利枢纽工程中的挡、泄、导流、发电工程之一的,可视为承担过水利枢纽工程。

②申请水土保持工程施工监理专业资质,应当承担过2项Ⅱ等水土保持工程的施工监理业务;该专业资质许可的监理范围内的近3年累计合同额不少于350万元。

③申请机电及金属结构设备制造监理专业资质,应当承担过4项中型机电及金属结构设备制造监理业务;该专业资质许可的监理范围内的近3年累计合同额不少于300万元。

(4)能运用先进技术和科学管理方法完成建设监理任务。

(二)乙级监理单位资质条件

(1)具有健全的组织机构、完善的组织章程和管理制度。技术负责人具有高级专业技术职称,并取得监理工程师资格证书。

(2)专业技术人员。监理工程师以及其中具有高级专业技术职称的人员,均不少于表1-1规定的人数。造价工程师不少于2人。

(3)具有3年以上水利工程建设监理经历,且近3年监理业绩分别为:

①申请水利工程施工监理专业资质,应当承担过3项Ⅲ等(堤防3级)水利工程的施工监理业务;该专业资质许可的监理范围内的近3年累计合同额不少于400万元。

②申请水土保持工程施工监理专业资质,应当承担过4项Ⅲ等水土保持工程的施工监理业务;该专业资质许可的监理范围内的近三年累计合同额不少于200万元。

(4)能运用先进技术和科学管理方法完成建设监理任务。

首次申请机电及金属结构设备制造监理专业乙级资质,只需满足第(1)、(2)、(4)项;申请重新认定、延续或者核定机电及金属结构设备制造监理专业乙级资质,还须该专业资质许可的监理范围内的近3年年均监理合同额不少于30万元。

(三)丙级和不定级监理单位资质条件

(1)具有健全的组织机构、完善的组织章程和管理制度。技术负责人具有高级专业技术职称,并取得监理工程师资格证书。

(2)专业技术人员。监理工程师以及其中具有高级专业技术职称的人员,均不少于表1-1规定的人数。造价工程师不少于1人。

表1-1　各专业资质等级配备监理工程师一览表

监理单位资质等级	水利工程施工监理专业资质		水土保持工程施工监理专业资质		机电及金属结构设备制造监理专业资质		水利工程建设环境保护监理专业资质	
	监理工程师	其中高级职称人员	监理工程师	其中高级职称人员	监理工程师	其中高级职称人员	监理工程师	其中高级职称人员
甲级	40	8	25	5	25	5	—	—
乙级	25	5	15	3	12	3	—	—
丙级	10	3	10	3	—	—	—	—
不定级	—	—	—	—	—	—	10	3

(3)能运用先进技术和科学管理方法完成建设监理任务。

申请重新认定、延续或者核定丙级(或者不定级)监理单位资质,还须专业资质许可的监理范围内的近3年年均监理合同额不少于30万元。

二、监理单位的业务范围

监理单位的业务主要是为业主提供监理服务,监理服务应在企业营业执照规定的范围和监理单位资质等级规定的业务范围内开展工作。各级监理单位业务范围规定如下。

(一)水利工程施工监理专业资质业务范围

(1)甲级可以承担各等级水利工程的施工监理业务。

(2)乙级可以承担Ⅱ等(堤防2级)以下各等级水利工程的施工监理业务。

(3)丙级可以承担Ⅲ等(堤防3级)以下各等级水利工程的施工监理业务。

水利工程等级划分标准按照《水利水电工程等级划分及洪水标准》(SL 252—2017)执行。

(二)水土保持工程施工监理专业资质业务范围

(1)甲级可以承担各等级水土保持工程的施工监理业务。

(2)乙级可以承担Ⅱ等以下各等级水土保持工程的施工监理业务。

(3)丙级可以承担Ⅲ等水土保持工程的施工监理业务。

同时具备水利工程施工监理专业资质和乙级以上水土保持工程施工监理专业资质的,方可承担淤地坝中的骨干坝施工监理业务。

(三)机电及金属结构设备制造监理专业资质业务范围

(1)甲级可以承担水利工程中的各类型机电及金属结构设备制造监理业务。

(2)乙级可以承担水利工程中的中小型机电及金属结构设备制造监理业务。

(四)水利工程建设环境保护监理专业资质业务范围

具有水利工程建设环境保护监理专业资质的监理单位可以承担各类各等级水利工程建设环境保护监理业务。

监理单位获得监理业务的途径有两条:一是通过投标竞争获得监理业务;二是由业主直接委托获得监理业务。随着我国建筑市场的建立和完善,我国工程项目监理的业务范围将以由施工阶段为主,逐步向工程项目建设全过程推开;由强制指定工程项目监理范围,到广大业主自愿委托监理,要求监理的工程项目范围将越来越大。

三、有关监理单位的法律规定

(一)监理单位经营活动的基本准则

监理单位从事建设工程监理活动,应当遵循“守法、诚信、公正、科学”的准则。

1.守法

守法,即遵守国家有关工程建设监理法律、法规、规范、标准。对于监理单位而言,守法即是依法经营。

(1)监理单位只能在其资质等级许可的范围内承揽水利工程建设监理业务。

(2)监理单位不得伪造、涂改、倒卖、出租、出借、转让资质或资格证书,不得非法扣压、没收资质或资格证书。

(3)水利工程建设监理合同一经签订,即具有法律约束力(无效合同除外),工程监理单位应认真履行合同约定内容,不得无故或故意违背自己的承诺。

(4)监理单位离开原住所地承接监理业务的,要自觉遵守当地人民政府颁发的监理法规和有关规定,主动向监理工程所在地的省、自治区、直辖市水行政主管部门备案登记,接受其指导和监督管理。

(5)遵守国家关于企业法人的其他法律、法规的规定,包括行政的、经济的和技术的。

2. 诚信

诚信,即诚实守信用。监理单位在生产经营过程中不应损害他人利益和社会公共利益,应该维护市场道德秩序,在合同履行过程中能履行自己应尽的职责、义务,建立一套完整的、行之有效的、服务于企业、服务于社会的企业管理制度并贯彻执行,取信于业主,取信于市场。

工程监理企业应当建立健全企业的信用管理制度,主要内容有以下几点:

(1)建立健全合同管理制度。

(2)建立健全与业主的合作制度,及时进行信息沟通,增强相互间的信任感。

(3)建立健全监理服务需求制度。

(4)建立企业内部信用管理制度,及时检查和评估企业信用的实施情况,不断提高企业信用管理水平。

3. 公正

公正是指工程监理单位在监理活动中既要维护业主的利益,为业主提供服务,又不能损害施工承包单位的合法利益,并能依据合同公平公正地处理业主与施工承包单位之间的合同争议,公正性是监理工作的必然要求,是社会公认的执业准则,也是监理单位和监理工程师的基本职业道德准则。监理单位要做到公正,必须要做到以下几点:

(1)要培养良好的职业道德,不为私利而违心地处理问题。

(2)要坚持实事求是的原则,不唯上级或业主的意见是从。

(3)要提高综合分析问题的能力,不为局部问题或表面现象所迷惑。

(4)要不断提高自己的专业技术能力,尤其是要尽快提高综合理解、熟练运用建设工程有关合同条款的能力,以便以合同条款为依据,恰当地协调、处理问题。

4. 科学

所谓科学,是指监理单位的监理活动要依据科学的方案,运用科学的手段,采用科学的方法,工程项目监理结束后,还要进行科学总结。

(1)科学的方案。就一个工程项目的管理工作而言,科学的方案主要是指监理细则,它包括:该项目监理机构的组织计划;该项目监理工作的程序,各专业、各年度(含季度,甚至按天计算)的监理内容与对策;工程的关键部分或可能出现的重大问题的监理措施。总之,在实施监理前,要尽可能地把各种问题都列出来,并拟订解决办法,使各项监理活动都纳入计划管理的轨道。更重要的是,要集思广益,充分运用已有的经验和智慧,制定出切实可行、行之有效的监理细则,指导监理活动顺利进行。

(2)科学的手段。单凭人的感官直接进行监理,这是最原始的监理手段。科学发展到今天,必须借助先进的科学仪器才能做好监理工作。

(3)科学的方法。监理工作的科学方法主要体现在监理人员在掌握大量的、确凿的有关监理对象及其外部环境实际情况的基础上,适时、妥当、高效地处理有关问题,体现在解决问题要用"事实说话""用书面文字说话""用数据说话",尤其体现在要开发、利用计算机软件,建立起先进的软件库。

(二)对监理单位监理活动的义务性规定

(1)监理单位不得超越资质等级许可的范围承担工程监理业务。

监理单位必须在其等级核定的监理范围内从事监理活动,不得擅自越级承接监理业务。如果监理单位越级承接监理业务,由于其水平、能力、规模等条件的限制,监理单位难以完成任务,从而工程监理的目的难以达到,工程的质量和安全将很难保证。

《水利工程建设监理规定》第二十七条规定,监理单位超越本单位资质等级许可的范围承担工程监理业务的,依照《建设工程质量管理条例》第六十条规定,责令停止违法行为,对勘察、设计单位或者工程监理单位处合同约定的勘察费、设计费或者监理酬金1倍以上2倍以下的罚款;对施工单位处工程合同价款百分之二以上百分之四以下的罚款,可以责令停业整顿,降低资质等级;情节严重的,吊销资质证书;有违法所得的,予以没收。

(2)监理单位应当依据客观、公正的原则代表建设单位进行工程监理。

监理单位从性质上讲应当属于社会中介组织。它和建设单位之间是一种委托代理关系。监理单位接受建设单位的委托对工程建设活动进行监督。因此,它具有一定的独立性,而不是建设单位让它干什么,它就干什么。监理单位据以监理的依据是法律、行政法规及有关的技术标准、设计文件和建设工程承包合同。因其与建设单位的代理关系,所以它必须维护建设单位的利益;因其具有社会中介组织的独立性,所以它必须依法办事。也就是说,监理单位代表建设单位进行工程监理应依据客观、公正的原则进行。

(3)监理单位与其监理的承包商及建筑材料、构配件和设备供应单位不得有隶属关系或者其他利害关系。

监理单位与被监理的承包商之间是一种监督与被监督的关系,监理单位代表建设单位对承包商的工程建设活动进行监督。因此,监理单位与被监理的承包商之间不得有隶属关系;否则,工程监理变成了自己监督自己的工程建设活动,这样的监督肯定会出问题,即使监理单位与被监理的承包商存在其他利害关系,也会对建设工程的质量和安全产生程度不同的影响。另外,监理单位与建筑材料、构配件和设备供应单位也不得有隶属关系或者其他利害关系,因为这样存在将不合格的建筑材料、构配件和设备用于工程的可能性。

《水利工程建设监理规定》第二十七条规定,监理单位与被监理单位及建筑材料、建筑构配件和设备供应单位有隶属关系或者其他利害关系承担该项工程建设监理业务的,依照《建设工程质量管理条例》第六十八条规定,责令改正,处5万元以上10万元以下的罚款,降低资质等级或者吊销资质证书;有违法所得的,予以没收。

(4)监理单位不得转让监理业务。《水利工程建设监理规定》第二十七条规定,监理单位转让监理业务的,依照《建设工程质量管理条例》第六十二条规定,责令改正,没收违法所得,处合同约定的监理酬金百分之二十五以上百分之五十以下的罚款;可以责令停业整顿,降低资质等级;情节严重的,吊销资质证书。

(三)对监理单位民事责任的规定

(1)监理单位不按照委托监理合同的约定履行监理职责或者不正确履行职责,由此给建设单位造成的损失应当承担相应的赔偿责任。

建设单位与其委托的监理单位通过委托监理合同确定了委托代理关系,监理单位必须全面、正确地履行委托监理合同约定的监理义务,对应当监督检查的项目认真、全面地按规定进行检查,发现问题及时要求施工单位整改。只有这样,才能保证监理任务按合同约定完成。监理单位不按照委托监理合同的约定履行监理义务,对应当监督检查的项目不检查或不按规定检查,即是违反合同约定的行为,给建设单位造成损失的,应当承担相应的赔偿责任。

监理单位承担赔偿责任首先应明确两个条件:一是违反合同,监理工作失职;二是造成损失,这里的损失包括直接损失和间接损失。其次,应明确监理单位赔偿责任的范围和大小。承担相应的赔偿责任,一是指在建设单位委托的范围内,由于监理单位过失造成的损失,监理单位均应当作出相应的赔偿;二是根据其过失责任的轻重、造成损失的大小,确定其因工作过失应赔偿的数额。

(2)监理单位与承包商串通为承包商谋取非法利益给建设单位造成损失的,监理单位与承包商要承担连带赔偿责任。

监理单位与承包商均受建设单位的委托,从事监理活动和施工活动,两者应该严格按照建设单位与其订立的合同,履行各自的义务,两者之间是一种监督与被监督的关系。监理单位应客观、公正地按合同约定执行监理任务,不得与承包商相互勾结,为承包商谋取非法利益,造成建设单位损失。监理单位与承包商串通,为承包商谋取非法利益,是一种严重的故意违法行为,不仅要承担民事责任,而且要承担相应的行政责任、刑事责任。监理单位与承包商承担连带赔偿责任,是指建设单位可以对监理单位和承包商中的一方或双方同时或先后请求全部赔偿,其中一方承担全部赔偿责任时,另一方对建设单位则免除赔偿责任。当一方承担全部赔偿责任时,有权向相连带的另一方请求偿还应由其承担赔偿责任的费用。这样规定,有利于保护建设单位的合法权益。

四、水利工程建设监理单位的资质管理

为加强水利工程建设监理单位的资质管理,规范水利工程建设市场秩序,保证水利工程建设质量,根据《建设工程质量管理条例》《国务院对确需保留的行政审批项目设定行政许可的决定》等规定,水利部于2006年12月18日颁布了《水利工程建设监理单位资质管理办法》,之后分别于2010年5月14日、2015年12月16日、2017年12月22日、2019年5月10日进行了四次修正。

申请监理资质的单位(简称申请人),应当按照其拥有的技术负责人、专业技术人员和工程监理业绩等条件,申请相应的资质等级。

水利部负责监理单位资质的认定与管理工作。

水利部所属流域管理机构(简称流域管理机构)和省、自治区、直辖市人民政府水行政主管部门依照管理权限,负责有关的监理单位资质申请材料的接收、转报及相关管理工作。

(一)资质的申请、受理和认定

(1)申请监理单位资质,应当具备《水利工程建设监理单位资质等级标准》规定的资质条件。

监理单位资质一般按照专业逐级申请。申请人可以申请一个或者两个以上专业资质。

(2)监理单位资质每年集中认定一次,受理时间由水利部提前三个月向社会公告。

监理单位分立后申请重新认定监理单位资质及监理单位申请资质证书变更或者资质延续的,不适用第(1)条规定。

(3)申请人应当向其注册地的省、自治区、直辖市人民政府水行政主管部门提交申请材料。但是,水利部直属单位独资或者控股成立的企业申请监理单位资质的,应当向水利部提交申请材料;流域管理机构直属单位独资或者控股成立的企业申请监理单位资质的,应当向该流域管理机构提交申请材料。

省、自治区、直辖市人民政府水行政主管部门和流域管理机构应当自收到申请材料之日起20个工作日内提出意见,并连同申请材料转报水利部。水利部按照《中华人民共和国行政许可法》第三十二条的规定办理受理手续。

(4)首次申请监理单位资质,申请人应当提交以下材料:

①《水利工程建设监理单位资质等级申请表》;

②企业章程;

③法定代表人身份证明;

④《水利工程建设监理单位资质等级申请表》中所列监理工程师、造价工程师的申请人同意注册证明文件(已在其他单位注册的,还需提供原注册单位同意变更注册的证明),以及上述人员的劳动合同和社会保险凭证。

申请晋升、重新认定、延续监理单位资质等级的,除提交前款规定的材料外,还应当提交以下材料:

①原《水利工程建设监理单位资质等级证书》(副本);

②近3年承担的水利工程建设监理合同书,以及已完工程的建设单位评价意见。

申请人应当如实提交有关材料和反映真实情况,并对申请材料的真实性负责。

(5)水利部应当自受理申请之日起20个工作日内作出认定或者不予认定的决定;20个工作日内不能作出决定的,经本机关负责人批准,可以延长10个工作日。决定予以认定的,应当在10个工作日内颁发水利工程建设监理单位资质等级证书;不予认定的,应当书面通知申请人并说明理由。

(6)水利部在作出决定前,应当组织对申请材料进行评审,并将评审结果在水利部网站公示,公示时间不少于7日。

水利部应当制作《水行政许可除外时间告知书》,将评审和公示时间告知申请人。

(7)水利工程建设监理单位资质等级证书包括正本1份、副本4份,正本和副本具有同等法律效力,有效期为5年。

(8)在资质等级证书有效期内,监理单位的名称、地址、法定代表人等工商注册事项发生变更的,应当在变更后30个工作日内向水利部提交《水利工程监理单位资质等级证书变更申请》并附工商注册事项变更的证明材料,办理资质等级证书变更手续。水利部自收到变更申请材料之日起3个工作日内办理变更手续。

(9)监理单位发生合并、重组、分立的,可以确定由一家单位承继原单位资质,该单位应当自合并、重组、分立之日起30个工作日内,按照上述第(3)、(4)项的规定,提交有关申请材料以及合并、重组、分立决议和监理业绩分割协议。经审核,注册人员等事项满足资质标准要求的,直接进行证书变更。重组、分立后其他单位申请获得水利工程建设监理单位资质的,按照首次申请办理。

(10)资质等级证书有效期届满,需要延续的,监理单位应当在有效期届满30个工作日前,按照上述第(3)、(4)条(工程性质和技术特点)的规定,向水利部提出延续资质等级的申请。水利部在资质等级证书有效期届满前,作出是否准予延续的决定。

(11)水利部应当将资质等级证书的发放、变更、延续等情况及时通知有关省、自治区、直辖市人民政府水行政主管部门或者流域管理机构,并定期在水利部网站公告。

(二)监督管理

(1)水利部建立监理单位资质监督检查制度,对监理单位资质实行动态管理。

(2)水利部履行监督检查职责时,有关单位和人员应当客观、如实反映情况,提供相关材料。

(3)县级以上地方人民政府水行政主管部门和流域管理机构发现监理单位资质条件不符合相应资质等级标准的,应当向水利部报告,水利部按照《水利工程建设监理单位资质管理办法》核定其资质等级。

(4)违反《水利工程建设监理单位资质管理办法》应当给予处罚的,依照《中华人民共和国行政许可法》《建设工程质量管理条例》《水利工程建设监理规定》的有关规定执行。

(5)监理单位被吊销资质等级证书的,3年内不得重新申请;被降低资质等级的,2年内不得申请晋升资质等级;受其他行政处罚的,受到通报批评、情节严重,被计入不良行为档案,或者在审计、监察、稽查、检查中发现存在严重问题的,1年内不得申请晋升资质等级。法律法规另有规定的,从其规定。

五、工程监理费的计算方法

国家发展和改革委员会于2015年2月11日发布《关于进一步放开建设项目专业服务价格的通知》(发改价格〔2015〕299号),全面放开工程监理费等建设项目专业服务价格,实行市场调节价。中国建设监理协会发布《关于指导监理企业规范价格行为和自觉维护市场秩序的通知》(中建监协〔2015〕52号),指出工程监理企业可根据市场供求、项目复杂程度、监理服务内容、人员配备要求、管理成本等因素,确定计费方式和服务价格。工程监理企业要通过公平竞争或价格协商等形式承揽监理业务,严禁以低于企业成本、减少服务内容、降低服务质量及阴阳合同等不正当手段恶性竞争,扰乱市场秩序。

当前,工程监理服务价格市场化,建设单位和监理企业需要商洽出合理的服务价格。这里仍介绍具有参考价值的《建设工程监理与相关服务收费管理规定》(发改价格〔2007〕670号)。

(一)总则

(1)建设工程监理与相关服务是指监理人接受发包人的委托,提供建设工程项目施工阶段的质量、进度、费用控制管理和安全生产监督管理、合同、信息等方面协调管理服务，以及勘察、设计、设备监造、保修等阶段的相关工程服务，各阶段的工作内容见表1-2。

表1-2 建设工程监理与相关服务的主要工作内容

服务阶段	具体服务范围构成	备注
勘察阶段	协助业主编制勘察要求，选择勘察单位，核查勘察方案并监督实施和进行相应的控制，参与验收勘察成果	勘察、设计、施工阶段监理与相关服务工作的具体内容按照国家或行业有关规范、规定执行
设计阶段	协助业主编制设计要求，选择设计单位，组织评选设计方案，对各设计单位进行协调管理，监督合同履行，审查设计进度计划并监督实施，核查设计大纲和设计深度、使用技术规范的合理性，提出设计评估报告（包括各阶段设计的核查意见和优化建议），协助审核设计概算	
施工阶段	施工过程中的质量、进度、投资的目标控制，安全、合同、信息管理及现场协调	
设备采购监造阶段	协助业主编制设备采购方案和计划，参与设备采购的招标活动，协助业主签订设备制造合同，对设备的设计、零部件采购与生产、安装、调试、保修期运行等过程实施监督、管理、控制和协调	
保修阶段	检查和记录工程质量缺陷，对缺陷原因进行调查分析并确定责任归属，审核修复方案，监督修复过程并验收，审核修复费用	

（2）建设工程监理与相关服务收费为建设工程施工阶段的工程监理（简称施工监理）服务收费与勘察、设计、设备监造、保修等阶段的监理与相关服务（简称其他阶段的相关服务）收费之和。

（3）施工监理收费一般按照建设项目工程概算投资额分档定额计费方式计算收费。

铁路、水运、公路、水电、水库工程的施工监理服务收费按建筑安装工程费分档定额计费方式计算收费。

（4）其他阶段的相关服务收费一般按相关服务工作所需工日和建设工程监理与相关服务人员人工日费用标准（见表1-3）的规定收费。

表1-3 建设工程监理与相关服务人员人工日费用标准

建设工程监理与相关服务人员职级	人工日费用标准（元）
一、高级专家	1 000~1 200
二、高级专业技术职称的监理与相关服务人员	800~1 000
三、中级专业技术职称的监理与相关服务人员	600~800
四、初级及以下专业技术职称监理与相关服务人员	300~600

注：本表适用于提供短期服务的人工费用标准。

（5）施工监理服务收费按照下列公式计算：

$$施工监理服务收费 = 施工监理服务收费基准价 \times (1 \pm 浮动幅度值) \qquad (1\text{-}1)$$

施工监理服务收费基准价 = 施工监理服务收费基价 × 专业调整系数 × 工程复杂程度调整系数 × 高程调整系数　(1-2)

(6)施工监理服务收费基准价。是按照本收费标准计算出的施工监理服务基准收费额,发包人与监理人根据项目的实际情况,在规定的浮动幅度范围内协商确定施工监理服务收费合同额。

(7)施工监理服务收费基价。是完成国家法律法规、行业规范规定的施工阶段基本监理服务内容的酬金。施工监理服务收费基价按表1-4确定,计费额处于两个数值区间的,采用直线内插法确定施工监理服务收费基价。

表1-4　施工监理服务收费基价表　(单位:万元)

序号	计费额	收费基价
1	500	16.5
2	1 000	30.1
3	3 000	78.1
4	5 000	120.8
5	8 000	181.0
6	10 000	218.6
7	20 000	393.4
8	40 000	708.2
9	60 000	991.4
10	80 000	1 255.8
11	100 000	1 507.0
12	200 000	2 712.5
13	400 000	4 882.6
14	600 000	6 835.6
15	800 000	8 658.4
16	1 000 000	10 390.1

注:计费额大于1 000 000万元的以计费额乘以1.039%的收费率计算收费基价。其他未包含的收费由双方协商议定。

(8)施工监理服务计费额。施工监理服务收费是以建设项目工程概算投资额分档定额计费方式计算收费的,计费额为经过批准的建设项目初步设计概算中的建筑安装工程费、设备与工器具购置费和联合试运转费之和。

工程中有利用原有设备并进行安装调试服务的,以签订工程监理合同时同类设备的当期价格作为施工监理服务收费的计费额;工程中有缓配设备的,应扣除签订监理合同时同类设备的当期价格作为施工监理服务收费的计费额;工程中有引进设备的,按照购进设备的离岸价格折换成人民币作为施工监理服务收费的计费额。

施工监理服务收费是以建筑安装工程费分档定额计费方式计算收费的,计费额为经过批准的建设项目初步设计概算中的建筑安装工程费。

作为施工监理服务收费计费额的建设项目工程概算投资额或建筑安装工程费均指每个监理合同中约定的工程项目范围的计算额。

(9)施工监理服务收费调整系数。施工监理服务收费调整系数包括专业调整系数、工程复杂程度调整系数和高程调整系数。

专业调整系数是对不同专业建设工程项目的施工监理工作复杂程度和工作量差异进行调整的系数。计算施工监理服务收费时，专业调整系数在表1-5中查找确定。

表1-5　施工监理服务收费专业调整系数

工程类型	专业调整系数
水利电力工程	
风力发电、其他水利工程	0.9
火电工程、送变电工程	1.0
核能、水电、水库工程	1.2

工程复杂程度调整系数是对同一专业不同建设工程项目的施工监理复杂程度和工作量差异进行调整的系数。工程复杂程度分为一般、较复杂和复杂三个等级，其调整系数分别为：一般（Ⅰ级），0.85；较复杂（Ⅱ级），1.0；复杂（Ⅲ级），1.15。计算施工监理服务收费时，工程复杂程度在表1-6、表1-7中查找确定。

在海拔超过2 000 m地区进行施工监理工作时，高程调整系数如下：

海拔2 001～3 000 m为1.1；

海拔3 001～3 500 m为1.2；

海拔3 501～4 000 m为1.3；

海拔4 001 m以上的，高程附加调整系数由发包人和监理人协商确定。

（10）发包人将施工监理服务中的某一部分工作单独发包给监理人，则按照其占施工监理服务工作量的比例计算施工监理服务收费。

（11）建设工程项目施工监理服务由两个或者两个以上监理人承担的，各监理人按照其占施工监理服务工作量的比例计算施工监理服务收费。发包人委托其中一个监理人对建设工程项目施工监理服务总负责，该监理人按照各监理人合计监理服务收费额的4%～6%向发包人收取总体协调费。

（12）本收费标准不包括第（1）条以外的其他服务收费。其他服务收费，国家有规定的，从其规定；国家没有收费规定的，由发包人与监理人协商确定。

（二）水利电力工程

（1）水利电力工程范围。适用于水利、发电、送电、变电、核能工程。

（2）水利电力工程复杂程度。水利、发电、送电、变电、核能工程复杂程度见表1-6，其他水利工程复杂程度见表1-7。

表1-6 水利、发电、送电、变电、核能工程复杂程度

等级	工程特征
Ⅰ级	1. 单机容量200 MW及以下凝汽式机组发电工程,燃气轮机发电工程,50 MW及以下供热机组发电工程。 2. 电压等级220 kV及以下的送电、变电工程。 3. 最大坝高<70 m,边坡高度<50 m,基础处理深度<20 m的水库水电工程。 4. 施工明渠导流建筑物与土石围堰。 5. 总装机容量<50 MW的水电工程。 6. 单洞长度<1 km的隧洞。 7. 无特殊环保要求
Ⅱ级	1. 单机容量300~600 MW凝汽式机组发电工程,单机容量50 MW以上供热机组发电工程,新能源发电工程(可再生能源、风电、潮汐等)。 2. 电压等级330 kV的送电、变电工程。 3. 70 m≤最大坝高<100 m或1 000万m^3≤库容<1亿m^3的水库水电工程。 4. 地下洞室的跨度<15 m,50 m≤边坡高度<100 m,20 m≤基础处理深度<40 m的水库水电工程。 5. 施工隧洞导流建筑物(洞径<10 m)或混凝土围堰(最大堰高<20 m)。 6. 50 MW≤总装机容量<1 000 MW的水电工程。 7. 1 km≤单洞长度<4 km的隧洞。 8. 工程位于省级重点环境(生态)保护区内,或毗邻省级重点环境(生态)保护区,有较高的环保要求
Ⅲ级	1. 单机容量600 MW以上凝汽式机组发电工程。 2. 换流站工程,电压等级≥500 kV送电、变电工程。 3. 核能工程。 4. 最大坝高≥100 m或库容≥1亿m^3的水库水电工程。 5. 地下洞室的跨度≥15 m,边坡高度≥100 m,基础处理深度≥40 m的水库水电工程。 6. 施工隧洞导流建筑物(洞径≥10 m)或混凝土围堰(最大堰高≥20 m)。 7. 总装机容量≥1 000 MW的水库水电工程。 8. 单洞长度≥4 km的水工隧洞。 9. 工程位于国家级重点环境(生态)保护区内,或毗邻国家级工程重点环境(生态)保护区,有特殊的环保要求

表1-7　其他水利工程复杂程度

等级	工程特征
Ⅰ级	1. 流量 < 15 m^3/s 的引调水渠道管线工程。 2. 堤防等级Ⅴ级的河道治理建(构)筑物及河道堤防工程。 3. 灌区田间工程。 4. 水土保持工程
Ⅱ级	1. 15 m^3/s ≤流量 < 25 m^3/s 的引调水渠道管线工程。 2. 引调水工程中的建筑物工程。 3. 丘陵、山区、沙漠地区的引调水渠道管线工程。 4. 堤防等级Ⅲ、Ⅳ级的河道治理建(构)筑物及河道堤防工程
Ⅲ级	1. 流量≥25 m^3/s 的引调水渠道管线工程。 2. 丘陵、山区、沙漠地区的引调水建筑物工程。 3. 堤防等级Ⅰ、Ⅱ级的河道治理建(构)筑物及河道堤防工程。 4. 护岸、防波堤、围堰、人工岛、围垦工程,城镇防洪、河口整治工程

【请你完成】

1. 水利工程建设监理如何分类分级?

2. 水利工程监理单位如何申请相应资质等级?

3. 监理项目如何取费?

任务三　水利工程建设监理人员及组织形式

【请你思考】

1. 水利工程建设项目监理人员都有哪些?他们在监理工作中分别做什么工作?有什么权限?

2. 项目监理机构人员配备及其运作形式如何?

【请你参考】

一、监理人员及其职责

(一)监理人员

根据监理工作需要及职能划分,监理人员又分为总监理工程师、监理工程师、监理员。总监理工程师、监理工程师、监理员均系岗位职务,各级监理人员应持证上岗。总监理工程师简称总监,是指取得水利工程建设监理工程师资格证书,具有工程类高级专业技术职称,受监理单位委派,全面负责工程项目监理工作的监理工程师;监理工程师是指取得水利工程建设监理工程师资格证书,在监理机构中承担监理工作的人员,具体负责实施某一专业或某一方面的监理工作;监理员是取得水利工程建设监理员资格证书,在监理机构中承担辅助、协助工作的人员。

(二)监理人员的素质

具体从事监理工作的监理人员,不仅要有较强的专业技术能力和较高的政策水平,能够对工程建设进行监督管理,提出指导性的意见,而且要能够组织、协调与工程建设有关的各方共同完成工程建设任务。也就是说,监理人员既要有一定的工程技术或工程经济方面的专业知识,还要有一定的组织协调能力。就专业知识而言,既要精通某一专业,又要具备一定水平的其他专业知识。所以说监理人员,尤其是监理工程师是一种复合型人才,对这种高智能人才素质的要求,主要体现在以下几个方面:

(1)具有较高学历和多学科专业知识。为了优质、高效地搞好工程建设,需要具有较深厚的现代科技理论知识、经济管理理论知识和一定法律知识的监理人员进行组织管理。

(2)要有丰富的工程建设实践经验。工程建设中的实践经验主要包括以下几个方面:

①工程建设地质勘测实践经验。

②工程建设规划设计实践经验。

③工程建设施工实践经验。

④工程建设经济管理实践经验。

⑤工程建设招标、投标等中介服务的实践经验。

⑥工程建设立项评估、建成使用后评价分析实践经验。

⑦工程建设监理工作实践经验。

(3)要有良好的品德。监理工程师的良好品德主要体现在以下几个方面:

①热爱社会主义祖国,热爱人民,热爱建设事业。

②具有科学的工作态度。

③具有廉洁奉公、为人正直、办事公道的高尚情操。

④能听取不同意见,有良好的包容性。

(4)具有健康的体魄和充沛的精力。

(三)监理人员的职责

《水利工程施工监理规范》(SL 288—2014)规定了各类监理人员的主要职责。

1.总监理工程师职责

水利工程施工监理实行总监理工程师负责制。总监理工程师应负责全面履行监理合同约定的监理单位的义务。主要职责应包括以下各项:

(1)主持编制监理规划,制定监理机构工作制度,审批监理实施细则。

(2)确定监理机构各部门职责及监理人员职责权限;协调监理机构内部工作;负责监理机构中监理人员的工作考核,调换不称职的监理人员;根据工程建设进展情况,调整监理人员。

(3)签发或授权签发监理机构的文件。

(4)主持审查承包人提出的分包项目和分包人,报发包人批准。

(5)审批承包人提交的合同工程开工申请、施工组织设计、施工措施计划、资金流计划。

(6)审批承包人按照有关安全规定和合同要求提交的专项施工方案、度汛方案和灾害应急预案。

(7)审核承包人提交的文明施工组织机构和措施。

(8)主持或授权监理工程师主持设计交底,组织核查并签发施工图纸。

(9)主持第一次监理工地会议,主持或授权监理工程师主持监理例会和监理专题会议。

(10)签发合同工程开工通知、暂停施工指示和复工通知等重要监理文件。

(11)组织审核已完成工程量和付款申请,签发各类付款证书。

(12)主持处理变更、索赔和违约等事宜,签发有关文件。

(13)主持施工合同实施中的协调工作,调解合同争议。

(14)要求承包人撤换不称职或不宜在本工程工作的现场施工人员或技术、管理人员。

(15)组织审核承包人提交的质量保证体系文件、安全生产管理机构和安全措施文件并监督其实施,发现安全隐患及时要求承包人整改或者暂停施工。

(16)审批承包人施工质量缺陷处理措施计划,组织施工质量缺陷处理情况的检查和施工质量缺陷备案表的填写;按相关规定参与工程质量及安全事故的调查和处理。

(17)复核分部工程和单位工程的施工质量等级,代表监理机构评定工程项目施工质量。

(18)参加或受发包人委托主持分部工程验收,参加单位工程验收、合同工程完工验收、阶段验收和竣工验收。

(19)组织编写并签发监理月报、监理专题报告和监理工作报告,组织整理监理档案资料。

(20)组织审核发包人提交的工程档案资料,并提交审核专题报告。

总监理工程师可书面授权副总监理工程师或监理工程师履行其部分职责,但下列工作除外:

(1)主持编制监理规划,审批监理实施细则。

(2)主持审核承包人提出的分包项目和分包人。

(3)审批承包人提交的合同工程开工申请、施工组织设计、施工总进度计划、年施工进度计划、专项施工进度计划、资金流计划。

(4)审批承包人按有关安全规定和合同要求提交的专项施工方案、度汛方案和灾害应急预案。

(5)签发施工图纸。

(6)主持第一次监理工地会议,签发合同工程开工通知、暂停施工指示和复工通知。

(7)签发各类付款证书。

(8)签发变更、索赔和违约有关文件。

(9)签署工程项目施工质量等级评定意见。

(10)要求承包人撤换不称职或不宜在本工程工作的现场施工人员或技术、管理人员。

(11)签发监理月报、监理专题报告和监理工作报告。

(12)参加合同工程完工验收、阶段验收和竣工验收。

2. 监理工程师职责

监理工程师应按照职责权限开展监理工作,是所实施监理工作的直接责任人,并对总监理工程师负责。其主要职责应包括下列各项:

(1)参与编制监理规划,编制监理实施细则。

(2)预审承包人提出的分包项目和分包人。

(3)预审承包人提交的合同工程开工申请、施工组织设计、施工总进度计划、年施工进度计划、专项施工进度计划、资金流计划。

(4)预审承包人按有关安全规定和合同要求提交专项施工方案、度汛方案和灾害应急预案。

(5)根据总监理工程师的安排核查施工图纸。

(6)审批分部工程或分部工程部分工作的开工申请报告、施工措施计划、施工质量缺陷处理措施计划。

(7)审批承包人编制的施工控制网和原始地形的施测方案;复核承包人的施工放样成果;审批承包人提交的施工工艺试验方案、专项检测试验方案,并确认试验成果。

(8)协助总监理工程师协调参建各方之间的工作关系;按照职责权限处理施工现场发生的有关问题,签发一般监理指示和通知。

(9)核查承包人报验的进场原材料、中间产品的质量证明文件,核验原材料和中间产品的质量,复核工程施工质量,参与或组织工程设备的交货验收。

(10)检查、监督工程现场的施工安全和文明施工措施的落实情况,指示承包人纠正违规行为;情节严重时,向总监理工程师报告。

(11)复核已完成工程量报表。

(12)核查付款申请报表。

(13)提出变更、索赔及质量和安全事故处理等方面的初步意见。

(14)按照职责权限参与工程的质量评定工作和验收工作。

(15)收集、汇总、整理监理档案资料,参与编写监理月报,核签或填写监理日志。

(16)施工中发生重大问题或遇到紧急情况时,及时向总监理工程师报告、请示。

(17)指导、检查监理员的工作,必要时可向总监理工程师建议调换监理员。

(18)完成总监理工程师授权的其他工作。

3. 监理员职责

监理员应按照职责权限开展监理工作,其主要职责应包括以下各项:

(1)核实进场原材料和中间产品报验单并进行外观检查,核实施工测量成果报告。

(2)检查承包人用于工程建设的原材料、中间产品和工程设备等的使用情况,并填写现场记录。

(3)检查、确认承包人单元工程(工序)施工准备情况。

(4)检查并记录现场施工程序、施工工艺等实施过程情况,发现施工不规范行为和质量隐患,及时指示承包人改正,并向监理工程师或总监理工程师报告。

(5)对所监理的施工现场进行定期或不定期的巡视检查,依据监理实施细则实施旁站监理和跟踪检测。

(6)协助监理工程师预审分部工程或分部工程部分工作的开工申请报告、施工措施计划、施工质量缺陷处理措施计划。

(7)核实工程计量结果,检查和统计计日工情况。

(8)检查、监督工程现场的施工安全和文明施工措施的落实情况,发现异常情况及时指示承包人纠正违规行为,并向监理工程师或总监理工程师报告。

(9)检查承包人的施工日志和现场实验室记录。

(10)核实承包人质量评定的相关原始记录。

(11)填写监理日记,依据总监理工程师或者监理工程师授权填写监理日志。

当监理人员数量较少时,总监理工程师可同时承担监理工程师的职责,监理工程师可同时承担监理员的职责。

二、监理工程师的职业道德和法律责任

(一)监理工程师的职业道德

(1)维护国家的荣誉和利益,按照"守法、诚信、公正、科学"的准则执业。

(2)执行有关工程建设的法律、法规、标准、规范、规程和制度,履行监理合同规定的义务和职责。

(3)努力学习专业技术和建设监理知识,不断提高业务能力和监理水平。

(4)不以个人名义承揽监理业务。

(5)不同时在两个或两个以上监理单位注册和从事监理活动,不在政府部门或施工、材料设备的生产供应等单位兼职。

(6)不为所监理项目指定承包商、建筑构配件、设备、材料生产厂家和施工方法。

(7)不收受被监理单位的任何礼金。

(8)不泄露所监理工程各方认为需要保密的事项。

(9)坚持独立自主地开展工作。

(二)监理工程师的法律责任

1.监理工程师的权利

(1)使用监理工程师名称。

(2)依法自主执行业务。

(3)依法签署工程监理相关文件并加盖执业印章。

(4)法律、法规赋予的其他权利。

2.监理工程师的义务

(1)遵守法律、法规,严格依照相关技术标准和委托监理合同开展工作。

(2)恪守执业道德,维护社会公共利益。

(3)在执业中保守委托单位申明的商业秘密。

(4)不得同时受聘于两个及两个以上单位执行业务。

(5)不得出借监理工程师执业资格证书、监理工程师注册证书和执业印章。

(6)接受执业继续教育,不断提高业务水平。

3.监理工程师的法律责任

监理工程师的法律责任是建立在法律法规和委托监理合同的基础上,表现行为主要有违法行为和违约行为两方面。

三、项目监理组织机构形式及人员配备

监理单位通过招标投标方式取得工程建设监理任务,监理单位与项目法人签订书面建设工程委托监理合同后,一般组建项目监理组织。项目监理组织一般由总监理工程师、专业或子项监理工程师和其他监理人员组成。工程项目建设监理实行总监理工程师负责制。总监理工程师行使合同赋予监理单位的权限,全面负责委托的监理工作。总监理工程师在授权范围内发布有关指令,签认所监理的工程项目有关款项的支付凭证,并有权建议撤换不合格的分包单位和项目负责人及有关人员。项目监理组织成立后一般工作内容包括:收集有关资料,熟悉情况,编制项目监理规划;按工程建设进度,分专业编制工程建设监理细则;根据项目监理规划和监理实施细则开展工程建设监理活动;参与工程预验收并签署试验、化验报告等。

(一)项目监理的组织形式

项目监理的组织形式的设计,应遵循"集中与分权统一、专业分工与协作统一、管理跨度与分层统一、权责一致、才职相称、效率和弹性"的原则。同时,还应考虑工程项目的特点、工程项目承发包模式、业主委托的任务及监理单位自身的条件。常用的项目监理组织形式有直线制、职能制、直线职能制和矩阵制。

1. 直线制监理组织

直线制是早期采用的一种项目管理形式,来自于军事组织系统,它是一种线性组织结构,其本质就是使命令线性化。整个组织自上而下实行垂直领导,不设职能机构,可设职能人员协助主管人员工作,主管人员对所属单位的一切问题负责。

这种组织形式是最简单的,它的特点是,组织中各种职位是按垂直系统直线排列的,权力系统自上而下形成直线控制,权责分明。它适用于监理项目能划分为若干相对独立子项的大中型建设项目,如图1-4所示。总监理工程师负责整个项目的规划、组织和指导,并着重于整个项目范围内各方面的协调工作。子项目监理组分别负责子项目的目标值控制,具体领导现场专业或专项监理组的工作。

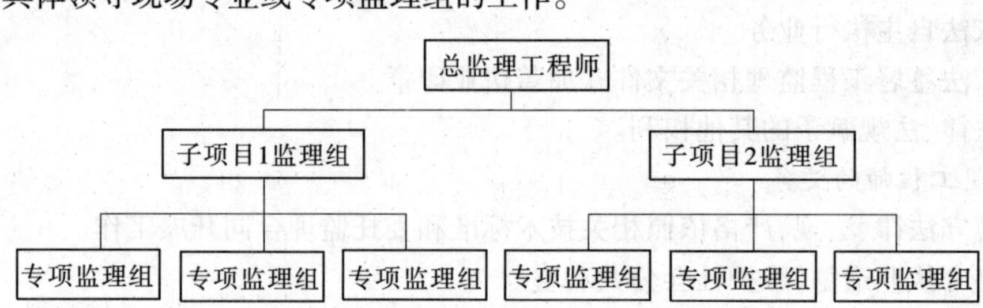

图1-4　按子项分解设立直线制监理组织形式

还可按建设阶段分解设立直线制监理组织形式,如图1-5所示。此种形式适用于大中型以上项目,且承担包括设计和施工的全过程工程建设监理任务。这种组织形式的主要优点是机构简单、权力集中、命令统一、职责分明、决策迅速、隶属关系明确等。缺点是实行没有职能机构的"个人管理",这就要求总监理工程师通晓各种业务和多种知识技

能，成为“全能”式人物。

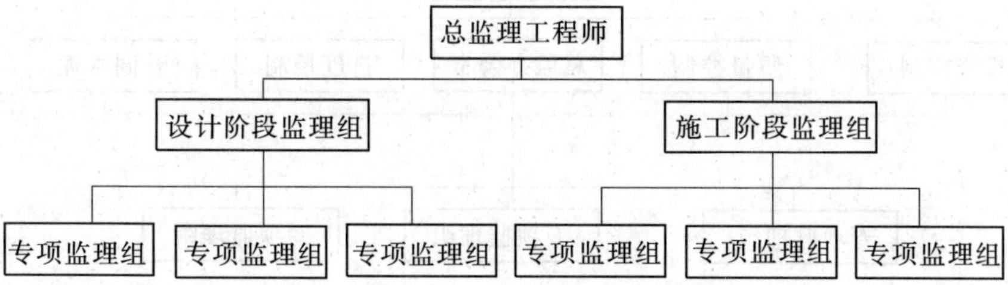

图 1-5 按建设阶段分解设立直线制监理组织形式

1）直线制监理组织的优点

（1）保证单头领导，每个组织单元仅向一个上级负责，一个上级对下级直接行使管理和监督的权力即直线职权，一般不能越级下达指令。项目参加者的工作任务、责任、权力明确，指令唯一，这样可以减少扯皮和纠纷，协调方便。

（2）它具有独立的项目组织的优点。尤其是项目总监理工程师能直接控制监理组织资源，向业主负责。

（3）信息流通快，决策迅速，项目容易控制。

（4）项目任务分配明确，责、权、利关系清楚。

2）直线制监理组织的缺点

（1）当项目比较多、比较大时，每个项目对应一个组织，使监理企业资源可能不能达到合理使用。

（2）项目总监理工程师责任较大，一切决策信息都集中于他处，这要求他能力强、知识全面、经验丰富，是一个“全能式”人物；否则决策较难、较慢，容易出错。

（3）不能保证项目监理参与单位之间信息的流通速度和质量。

（4）监理企业的各项目间缺乏信息交流，项目之间的协调、企业的计划和控制比较困难。

2. 职能制监理组织

职能制组织形式，是一种传统的组织结构模式，它特别强调职能的专业分工，因此组织系统是以职能为划分部门的基础，把管理的职能授权给不同的管理部门。这种监理组织形式，就是在项目总监理工程师之下设立一些职能机构，分别从职能角度对基层监理组织进行业务管理，并在总监理工程师授权的范围内，就其主管的业务范围，向下下达命令和指示。这种组织形式强调管理职能的专业化，即把管理职能授权给不同的专业部门。

在职能式的组织结构中，项目的任务分配给相应的职能部门，职能部门经理对分配到本部门的项目任务负责，职能式的组织结构适用于任务相对比较稳定明确的项目监理工作，如图 1-6 所示。

1）职能制监理组织的优点

（1）由于部门是按职能来划分的，因此各职能部门的工作具有很强的针对性，可以最大程度地发挥人员的专业才能，减轻项目总监理工程师的负担。

（2）如果各职能部门能做好互相协作的工作，对整个项目的完成会起到事半功倍的效果。

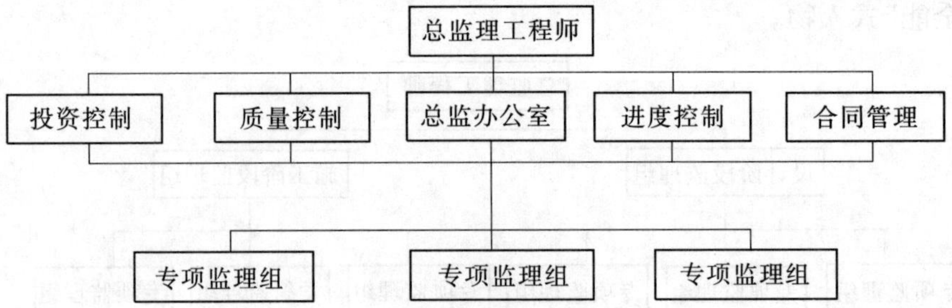

图1-6　职能制监理组织形式

2)职能制监理组织的缺点

(1)项目信息传递途径不畅。

(2)工作部门可能会接到来自不同职能部门的互相矛盾的指令。

(3)不同职能部门之间有意见分歧难以统一时,互相协调存在一定的困难。

(4)职能部门直接对工作部门下达工作指令,项目总监理工程师对工程项目的控制能力在一定的程度上被弱化。

3.直线职能制监理组织

直线职能制的监理组织形式是吸收了直线制组织形式和职能制组织形式的优点而构成的一种组织形式,如图1-7所示。

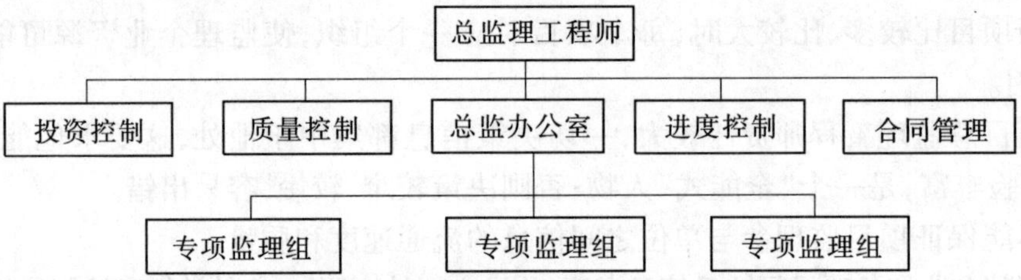

图1-7　直线职能制监理组织形式

这种形式的主要优点是集中领导、职责清楚、有利于提高办事效率。缺点是职能部门与指挥部门易产生矛盾,信息传递路线长,不利于互通情报。

4.矩阵制监理组织

矩阵制是现代大型工程管理中广泛采用的一种组织形式,是美国在20世纪50年代创立的一种组织形式,它把职能原则和项目对象原则结合起来建立工程项目管理组织机构,使其既能发挥职能部门的横向优势,又能发挥项目组织的纵向优势。从系统论的观点来看,解决问题不能只靠某一部门的力量,而需要各方面专业人员共同协作。矩阵式的监理组织由横向职能部门系统和纵向子项目组织系统组成,如图1-8所示。

1)矩阵制监理组织的特征

(1)项目监理组织机构与职能部门的结合部同职能部门数量相同,多个项目与职能部门的结合部呈矩阵状。

(2)把职能原则和对象原则结合起来,既发挥职能部门的横向优势,又发挥项目组织的纵向优势。

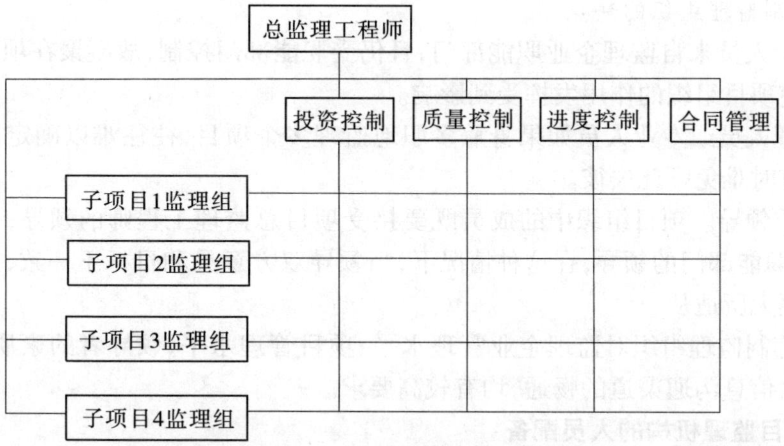

图1-8 矩阵制监理组织形式

(3)专业职能部门是永久性的,项目组织是临时性的。职能部门负责人对参与项目组织的人员有组织调配、业务指导和管理考察权,项目总监理工程师将参与项目组织的职能人员在横向上有效地组织在一起,为实现项目目标协同工作。

(4)矩阵中的每个成员或部门,接受原部门负责人和项目总监理工程师的双重领导,但部门的控制力大于项目的控制力,部门负责人有权根据不同项目的需要和忙闲程度,在项目之间调配本部门人员。一个专业人员可能同时为几个项目服务,特殊人才可充分发挥作用,免得人才在一个项目中闲置又在另一个项目中短缺,大大提高了人才利用率。

(5)项目总监理工程师对“借”到本项目监理部来的成员,有权控制和使用,当感到人力不足或某些成员不得力时,他可以向职能部门求援或要求调换,辞退回原部门。

(6)项目监理部的工作有多个职能部门支持,项目部没有人员包袱。但要求在水平方向和垂直方向有良好的信息沟通及良好的协调配合,对整个企业组织和项目组织的管理水平与组织渠道畅通提出了较高的要求。

2)矩阵制监理组织的适用范围

(1)适用于平时承担多个需要进行项目监理工程的企业。在这种情况下,各项目对专业技术人才和管理人员都有需求,加在一起数量较大。采用矩阵制组织可以充分利用有限的人才对多个项目进行监理,特别有利于发挥稀有人才的作用。

(2)适用于大型、复杂的监理工程项目。因大型复杂的工程项目要求多部门、多技术、多工种配合实施,在不同阶段,对不同人员,有不同数量和搭配各异的需求。显然,矩阵制监理组织形式可以很好地满足其要求。

3)矩阵制监理组织的优点

(1)能以尽可能少的人力,实现多个项目监理的高效率。理由是通过职能部门的协调,一些项目上的闲置人才可以及时转移到需要这些人才的项目上去,防止人才短缺,项目组织因此具有弹性和应变力。

(2)有利于人才的全面培养。可以使不同知识背景的人在合作中相互取长补短,在实践中拓宽知识面;发挥了纵向的专业优势,使人才成长建立在深厚的专业训练基础之上。

4)矩阵制监理组织的缺点

(1)由于人员来自监理企业职能部门,且仍受职能部门控制,故凝聚在项目上的力量减弱,往往使项目组织的作用发挥受到影响。

(2)管理人员或专业人员如果身兼多职地监理多个项目,往往难以确定监理项目的优先顺序,有时难免顾此失彼。

(3)双重领导。项目组织中的成员既要接受项目总监理工程师的领导,又要接受监理企业中原职能部门的领导,在这种情况下,当领导双方意见和目标不一致,乃至有矛盾时,当事人便无所适从。

(4)矩阵制监理组织对监理企业管理水平、项目管理水平、领导者的素质、组织机构的办事效率、信息沟通渠道的畅通,均有较高要求。

(二)项目监理机构的人员配备

监理组织人员的配备一般应考虑专业结构、人员层次、工程建设强度、工程复杂程度和监理单位的业务水平。

1.合理的专业结构

具有与监理项目性质及业主对项目监理的要求相适应的各专业人员组成,也就是各专业人员要配套。

2.合理的职称结构

监理人员根据其技术职称分为高、中、低级三个层次,合理的人员层次结构是指监理机构中各专业的监理人员应有的与监理工作要求相适应的高、中、初级职称比例。这样有利于管理和分工。例如:在决策、设计阶段,就应以高、中级职称人员为主,基本不用初级职称人员;在施工阶段,监理专业人员就应以中级职称人员为主,高、初级职称人员为辅。

合理的职称结构还包含另一层意思,就是合理的年龄结构。

监理人员的职称结构如表1-8所示。根据经验,一般高、中、低人员配备比例大约为10%、60%、20%,此外还有10%左右为行政管理人员。

表1-8　监理人员的职称结构

监理组织层次		主要职能	要求对应的技术职称
项目监理部	总监理工程师 专业监理工程师	项目监理的策划、项目监理实施的组织与协调	高级
子项监理组	子项监理工程师 专业监理工程师	具体组织子项监理业务	中级
现场监理员	质监员 计量员 预算员 计划员等	监理实务的执行与作业	初级

3.工程建设强度

工程建设强度是指单位时间内投入的工程建设资金数量,用公式表示为:

$$\text{工程建设强度} = \text{投资}/\text{工期} \tag{1-3}$$

显然,工程建设强度越大,所需要投入的监理人员就越多。

4.建设工程的复杂程度

根据不同情况,可将工程的复杂程度等级划分为简单、一般、一般复杂、复杂、很复杂五级。工程项目由简单到很复杂,所需要的监理人员相应地由少到多。

5.监理单位的业务水平及监理人员的业务素质

每个监理单位的业务水平和对某类工程的熟悉程度不完全相同,每个监理人员的专业能力、管理水平、工作经验等方面都有差异,所以在监理人员素质和监理的设备手段等方面也存在差异,这都会直接影响到监理效率的高低。高水平的监理单位和高素质的监理人员可以投入较少的监理人力完成一个建设工程的监理工作,而一个经验不多或管理水平不高的监理单位则需投入较多的监理人力。因此,各监理单位应当根据自己的实际情况确定监理人员需要量。

6.监理机构的组织结构和任务职能分工

项目监理机构的组织结构形式关系到具体的监理人员的需求量,人员配备必须能满足项目监理机构任务职能分工的要求。必要时,可对人员进行调配。如果监理工作需要委托专业咨询机构或专业监测、检验机构进行,则项目监理机构的监理人员数量可以考虑适当减少。

【请你完成】

1.水利工程建设监理人员按工作需要和职能划分为哪些人员?

2.不同类型监理人员分别有哪些主要职责?

3.项目监理的组织形式有哪些?各自有哪些优缺点?

4.项目监理机构监理人员如何配备?

项目二 工程建设质量、投资与进度控制

任务一 水利工程建设质量控制

【请你思考】

新疆乌鲁木齐市米东区联丰水库为小型水库,库容40万m^3,坝体为均质土坝。除险加固工程于2012年9月15日开工建设。2013年2月2日8时许,水库发生溃口事故,造成1人死亡,18人受伤。在工程建设中,施工单位未能保证施工质量,监理单位、项目法人履职不到位,主管部门及相关政府监管不力。当地政府已分别对各相关责任人给予党内警告、行政降级、撤销职务、行政记大过等相应处分,涉嫌犯罪的已依法移交司法机关立案调查,对有关施工单位和监理单位进行了不良行为认定和相应处理。

从以上事故示例中,思考工程质量控制的重要性。

【请你参考】

工程质量是基本建设效益得以实现的基本保证。没有质量,就没有投资效益、没有工程进度。因此,建设项目质量决定了建设项目的成败,也是进行建设监理三大目标(质量、投资、进度)的重点之一。建设项目的投资控制和进度控制必须以一定的质量水平为前提,确保建设项目能全面满足各项要求。为此,国务院2000年颁布了《建设工程质量管理条例》,水利部1997年发布了《水利工程质量管理规定》(2017年12月22日修改),质量控制是保证工程质量的一种有效方法。

一、工程质量控制的概念

(一)质量及工程质量

1.质量

国际标准化组织(ISO)2015年颁布的ISO9000:2015《质量管理体系 基础和术语》(GB/T 19000—2015)中对质量的定义是:一组固有特性满足要求的程度。其中,关键词有质量、固有特性及要求。其含义是质量不仅指产品质量,也可以是某项活动或过程的质量,或是质量管理体系的质量。固有特性是指在某事或某物中本来就有的,尤其是那种永久的特性(如性能、适用性、可用性、可靠性、维修性、安全性、环境、经济性和美学性等)。要求是指明示的(即规定的要求,如在合同、规范、标准等文件中阐明的或顾客明确提出的要求)、通常隐含的(即组织、顾客和其他相关方的惯例及一般做法,所考虑的需求或期望是不言而喻的)或必须履行的(即法律、法规要求的或有强制性标准要求的,组织在产品实现过程中必须执行这类标准)需求或期望。

质量的好坏是由产品固有特性满足要求的程度来反映的。由于组织、顾客和其他相

关方的质量要求是动态的、发展的和相对的，所以质量具有时效性和相对性。

2. 工程质量

工程质量是指工程产品满足规定要求和具备所需要的特征与特性的总和。

工程质量有两个方面含义：一是从狭义上讲，指的是工程产品的特征性能，即工程产品质量；二是从广义上讲，还包括参与工程建设各方面的工作水平、组织管理等的工作质量。

（二）工程质量控制

质量控制是指为保证某一产品、过程或服务满足规定的质量要求所采取的作业技术和活动。

工程质量控制是指致力于满足工程质量要求，也就是为了保证质量满足合同、规范标准所采取的一系列措施、方法和手段。工程质量要求主要表现为合同、设计文件、技术规范规定的质量标准。工程质量控制是通过控制工作质量，从而保证工程的产品质量满足设计要求、合同标准。工作质量又反映工序施工过程中的每一环节（工序）、每一因素（人、材料、机械、方法、环境）。所以，工程质量取决于施工过程的工序质量。也就是说，工程质量控制，是利用各种手段对每道工序的人、机械、材料、方法、环境等要素进行控制。

工程质量的控制贯穿于可行性研究、勘测设计、施工准备、建设实施、后期运行等各阶段，施工阶段工程质量控制是在产品形成全过程中，监理人员监督和控制合同各方的工作质量，主要是控制承包人的工作质量，进而实现合同规定的质量标准。

（三）工程质量管理体系

《水利工程质量管理规定》（水利部令第7号）明确规定，水利工程质量实行项目法人（建设单位）负责、监理单位控制、承包人保证和政府监督相结合的质量管理体制。由此可见，水利工程质量管理的三个体系分别为政府部门的质量监督体系，监理人的质量检查控制体系，设计、承包人的质量保证体系。

1. 政府部门的质量监督体系

水利部主管全国水利工程质量监督工作，水利工程质量监督机构按总站、中心站、站三级设置。

(1)水利部设置全国水利工程质量监督总站，办事机构设在建设司。水利水电规划设计管理局设置水利工程设计质量监督分站，各流域机构设置流域水利工程质量监督分站作为总站的派出机构。

(2)各省、自治区、直辖市水利（水电）厅（局），新疆生产建设兵团水利局设置水利工程质量监督中心站。

(3)各地（市）水利（水电）局设置水利工程质量监督站。

各级质量监督机构隶属于同级水行政主管部门，业务上接受上一级质量监督机构的指导。

水利工程质量监督机构的任务是监督设计、监理、施工等单位在其资质等级允许范围内从事水利工程建设的质量工作，检查和督促建设、设计、监理、施工单位建立健全质量体系，并按照国家和水利行业有关工程建设法规、技术标准与设计文件，来实施工程质量监督，对施工现场影响工程质量的行为进行监督检查。

政府部门的质量监督是以抽查为主的监督方式，运用法律和行政手段，做好监督抽查后的处理工作。工程竣工验收前，质量监督机构应对工程质量结论进行核备。未经质量核备的工程，项目法人不得报验，工程主管部门不得验收。

2. 监理人的质量检查控制体系

监理单位作为专业化的、与业主无隶属关系的独立一方，受业主的委托，在项目建设的招标投标阶段，要协助业主组织招标工作，挑选承包人，并协助业主与中标单位签订较为完善的工程承包合同，以保证工程项目的顺利实施。在建设项目施工阶段，监理单位不仅要按照委托监理合同的授权，进行进度控制和投资控制，还要处理更大量的日常工作，进行质量控制及安全和环境保护监理。

监理人对工程质量的控制认证，有一套完整的、严密的组织机构、工作制度、程序和方法，构成了项目建设的质量检查控制体系，成为我国工程建设管理体系中不可缺少的另一层次的组成部分，并对强化工程质量管理发挥着越来越重要的作用。

3. 设计、承包人的质量保证体系

质量保证体系是指为保证质量，满足明确和隐含需要，由组织机构、职责、程序、活动、能力和资源等构成的有机整体。

对于设计、承包人，质量保证体系是指设计、承包人运用系统工程的观点和方法，以保证工程质量为目的，将单位内各部门、各环节的经营、管理活动严密协调地组织起来，明确他们在保证工程或产品质量方面的任务、责任、权限、工作程序和方法，从而形成一个有机的质量保证整体。

设计、承包人的质量保证体系，是我国工程质量管理三个体系中最基础的部分，对于确保工程质量是至关重要的。只有使质量保证体系正常实施和运行，才能使建设单位和设计、承包人在风险、成本及利润三个方面达到最佳状态。

设计、承包人对工程项目质量负有首要的责任。这就要求设计、承包人积极推行全面质量管理，保证全员、全过程、全企业的工作质量，逐步实现企业经营管理和生产技术的标准化、规范化、系列化，以保证设计质量、工程施工质量，创造优质工程，缩短建设工期，降低物质消耗，改善服务质量，提高社会经济效益。由于工程产品生产的特殊性，在市场经济的条件下，承包人总想追求更多的经济利益，从而往往有意无意地忽视了工程质量。因此，单靠设计、承包人内部的质量保证体系还是不够的，还必须有外部的约束机制，即监理人的质量检查控制体系和政府的质量监督体系。

监理人的质量检查控制体系是依据国家的有关法律、技术规范、标准和承包合同，对承包人在施工全过程中的每一道工序、每一个环节进行检查认证，及时发现其中的质量问题，分析原因，采取正确的措施加以纠正，防患于未然。但是，它并不能代替承包人内部的质量保证体系，只能通过合同双方履行承包合同的约定，运用质量认证和否决权，对承包人进行检查和管理，并帮助、促进承包人建立健全质量保证体系使之正常运转，从而保证工程质量。

各级工程质量监督机构对工程质量进行监督，是政府部门的职能，代表政府行使工程质量监督权，对工程建设实施强制性的监督。

二、质量控制的依据及控制的主要因素

(一)质量控制的依据

(1)国家和国务院水行政主管部门有关工程建设的法律、法规和规章。

(2)工程建设标准强制性条文(水利工程部分)。

(3)经批准的工程建设项目设计文件。

(4)监理合同、施工合同等合同文件。

(二)控制的主要因素

工程施工是一种物质生产活动。因此,影响工程产品质量的主要因素可归结为以下5个方面,它们分别是人(Man)、材料(Material)、机械(Machine)、方法(Method)及环境(Environment),简称为4M1E。

1.人的控制

人是生产经营活动的主体,在水利工程建设中,项目建设的决策、管理、操作均是通过人来完成的。其中,既包括施工承包人的操作、指挥及组织者,也包括监理人员。人作为控制的对象,要避免产生失误,要充分调动人的积极性。因此,建设工程质量控制中人的因素是质量控制的重点。水利建筑行业实行经营资质管理和各类专业从业人员持证上岗制度就是保证人员素质的重要管理措施。

根据合同规定:监理人有权随时检查承包人人员的上岗资格证明。其技术岗位和特殊工种的工人均应持有国家或有关部门统一考试或考核的资格证明,监理人认为必要时可进行考核,合格者才准上岗。监理人有权要求承包人撤换那些不能胜任本职工作或行为不端或玩忽职守的任何人员,承包人应及时予以撤换。承包人都应对其在工地的人员进行有效的管理,使其能做到尽职尽责。

2.材料质量控制

材料即工程材料,包括工程实体所用的原材料、成品、半成品、构配件,是工程质量的物质基础。材料不符合要求,就不可能有符合要求的工程质量。《水利水电土建工程施工合同条件》(GF 2000—0208)(简称《合同条件》)中明确规定,工程使用的一切材料和工程设备,均应满足本合同技术条款和施工图纸规定的等级、质量标准及技术特性。控制的主要措施是加强订货、采购和进场后的检查、验收工作,使用前的试验、检验工作,以及材料的现场管理和合理使用等。

1)原材料、半成品质量控制

对原材料、半成品质量控制主要进行以下各项工作:

(1)检查承包人是否严格按质量标准要求做好了原材料、半成品的订货、采购工作。

(2)按验收标准做好原材料、半成品的检查验收工作。

(3)按规定检查原材料的仓储、保管是否得当,特别应注意水泥、外加剂的保管质量。

(4)检查施工材料是否按施工进度计划要求供应到了现场,特别应当注意的是混凝土工程,施工材料若未备足(包括适当富裕量),绝不允许进行开仓浇筑。

(5)承包人不得擅自变更产品供货单位,如需改变,需提前报监理人批准。

(6)砂浆、混凝土所使用的各种原材料,经监理人确认批准后,由监理工程师代表、承

包人的技术人员一起进行配合比设计,由承包人写出试验报告,交监理工程师审批。经监理工程师批准的配合比,承包人不能擅自改变。

(7)试验检验。

2)材料质量检验方法

材料质量检验的目的,是通过一系列的检测手段,将所取得的材料数据与材料质量标准相比较,借以判断材料质量的可靠性,决定其能否用于工程中,同时还有利于掌握材料信息。材料质量检验方法分为书面检验、外观检验、理化检验和无损检验等四种。

(1)书面检验。对提供的材料质量保证资料、试验报告等进行审核,取得认可方能使用。

(2)外观检验。对材料的品种、规格、标志、外形尺寸等进行直观检验,看其有无质量问题。

(3)理化检验。是指在物理、化学等方法的辅助下量度。它借助于试验设备和仪器对材料样品的化学成分、机械性能等进行科学的鉴定。

(4)无损检验。是在不破坏材料样品的前提下,利用超声波、X 射线、表面探伤仪等进行检测。

3. 机械设备控制

机械设备包括组成工程实体及配套的工程设备和施工机械设备两大类。监理人采取的控制措施,应从保证项目施工质量角度出发,着重对施工机械设备的选型、主要性能参数和使用操作要求等三方面予以控制。

承包人在其施工组织设计和施工技术方案中,一般都根据施工任务的进度和质量要求,选择相应的施工机械设备的形式、性能和数量。建立和健全机械设备使用管理的各种规章制度,严格执行各项技术规定。

监理人应按照质量控制的要求进行审核,以确保为施工提供性能好、效率高、操作方便、安全可靠、经济合理并数量足够的施工机械设备。督促承包人做好施工机械设备的使用管理工作,督促承包人对施工机械设备,特别是关键性的施工机械设备的性能和状况定期进行维护与鉴定。

对施工设备的主要控制内容如下:

(1)审核承包人在其施工组织设计和施工技术方案中所选择的施工机械设备的形式、性能与数量。

(2)按照施工合同约定保证施工设备按计划及时进场,并对进场的施工设备进行评定和认可。禁止不符合要求的设备投入使用,并应要求承包人及时撤换。检查操作人员的合格性。

(3)督促承包人对施工机械设备,特别是关键性的施工机械设备的及时进场和对其性能、状况定期进行维护与鉴定。

(4)督促承包人建立和健全机械设备维修、保养、使用管理的各种规章制度与措施,严格执行各项技术规定。

(5)旧施工设备进入工地前,承包人应提供该设备的使用和检修记录,以及具有设备鉴定资格的机构出具的检修合格证。经监理机构认可,方可进场。

(6)设备专用于本工程管理。

(7)监理机构若发现承包人使用的施工设备影响施工质量和进度,应及时要求承包人增加或撤换。

对工程设备的主要控制内容如下:

(1)对于发包人提供的工程设备,监理机构应会同承包人参加交货验收。

(2)对于承包人采购的工程设备,监理机构应参加工程设备的交货验收。

4.施工方法控制

施工方法是指工艺方法,包括施工组织设计、施工方案、施工计划及工艺技术等。控制的主要方法是制订正确的施工方案,加强技术业务培训和工艺管理,严格工艺操作规程,合理配合和使用机具等。施工方案合理与否、施工方法和工艺先进与否,均会对施工质量产生极大的影响,是保证工程质量稳定提高的重要因素。

监理人在制订和审核施工方案与施工工艺时,必须结合工程实际,从技术、管理、经济、组织等方面进行全面分析,综合考虑,确保施工方案和施工工艺在技术上可行、经济上合理,且有利于提高施工质量。

5.环境因素控制

环境是指对工程质量特性起重要作用的环境因素,包括管理环境(如质量保证体系、三检制、质量管理制度、质量签证制度、质量奖惩制度等)、技术环境(如工程地质、水文、气象等)、作业环境(如作业面大小、防护设施、通风照明和通信条件等)、周边环境(如工程邻近的地下管线、建筑物等)、社会环境(如社会秩序的安定与否)等。控制的措施主要是创造良好的工序环境、排除环境的干扰等。

三、施工阶段质量控制的内容、程序及监理工作制度

(一)控制内容

监理人在施工阶段的质量控制是一项最经常、最繁重的工作。对承包人的施工工序严格做到事前审批、事中监督和检查、事后检验。要求承包人不断改进质量的技术环节和管理活动。施工阶段质量控制的内容如图2-1所示。

事前控制是指正式开工前进行的质量控制工作。事中控制是指工程质量控制最基本的、最直接的、最重要的环节。

工程质量的事后控制,既是鉴定验收工程质量是否达到设计要求,提交工程实体成果和技术资料成果的重要环节;也是通过对工程质量存在的问题进行分析、处理使质量进一步改进提高的阶段。因此,监理单位不仅重视工程验收的监理工作,还要求承包人对存在的工程质量缺陷全面登记,及时加以分析。实行工程质量检验、考核与评比制度。对事后控制,一方面要求提出明确的处理方案,改进工程质量;另一方面查找原因,提出质量改进措施,以提高后续施工质量。

(二)控制程序

监理施工阶段工程质量控制工作流程如图2-2所示。

根据《水利工程施工监理规范》(SL 288—2014)附录内容,施工监理工作常用表格可分为以下两种类型:承包人用表(以CB××表示)和监理机构用表(以JL××表示)。各表可结合流程的环节使用。

- 施工阶段质量控制内容
  - 事前控制
    - 建立本项目的监理质量监控体系
    - 承包人的资质及质量保证体系的核查
    - 进场人员技术资质、施工机械设备质量控制
    - 原材料、成品、半成品、构配件的质量检查
    - 生产设备采购、订货、加工制作的质量控制
    - 承包人提出的施工组织或施工技术措施设计审查
    - 施工图纸审查、签发
    - 新材料、新结构、新工艺、新技术审查
    - 测量控制网复核、审查
    - 技术环境监督检查
    - 管理环境监督检查
    - 开工申请审查
  - 事中控制
    - 工序质量控制
    - 施工作业监督检查
    - 重大质量、技术、安全问题的审定和处理
    - 监督和检查施工现场作业
    - 单元工程、分部工程和隐蔽工程的检查验收
    - 中间产品质量控制
    - 设计变更与图纸修改审查
    - 组织质量信息的反馈
  - 事后控制
    - 竣工资料审核
    - 单位工程、单项工程竣工验收
    - 组织工程设备和系统的试压、试验、试运行
    - 协同政府质量监督部门进行工程质量等级评定
    - 协助项目法人进行文档管理

图2-1　施工阶段质量控制的内容

(三)监理工作制度

(1)技术文件审核、审批制度。根据施工合同约定由双方提交的施工图纸、施工组织设计、施工措施计划、施工进度计划、开工申请、设计图纸的变更处理等文件均应通过监理机构核查、审核或审批方可实施。

(2)原材料、构配件和工程设备检验制度。进场的原材料、构配件和工程设备应有出厂合格证明与技术说明书,经承包人自检合格后,方可报监理机构检验。不合格的材料、构配件和工程设备应按监理指示在规定时限内运离工地或进行相应处理。

(3)隐蔽工程验收制度。隐蔽前,承包人应根据工程质量检验评定标准进行自检,并将评定合格自检材料送交监理人。监理人收到承包人自检资料后,应在承包人自检合格的基础上组织复查,复查无误后,方可办理隐蔽工程验收签证。

(4)施工现场紧急情况报告制度。监理机构应针对施工现场可能出现的紧急情况编制处理程序、处理措施等文件。当发生紧急情况时,应立即向发包人报告,并指示承包人立即采取有效紧急措施进行处理。

(5)工作报告制度。监理机构应及时向发包人提交监理月报或监理专题报告;在工程验收时,提交监理工作报告。

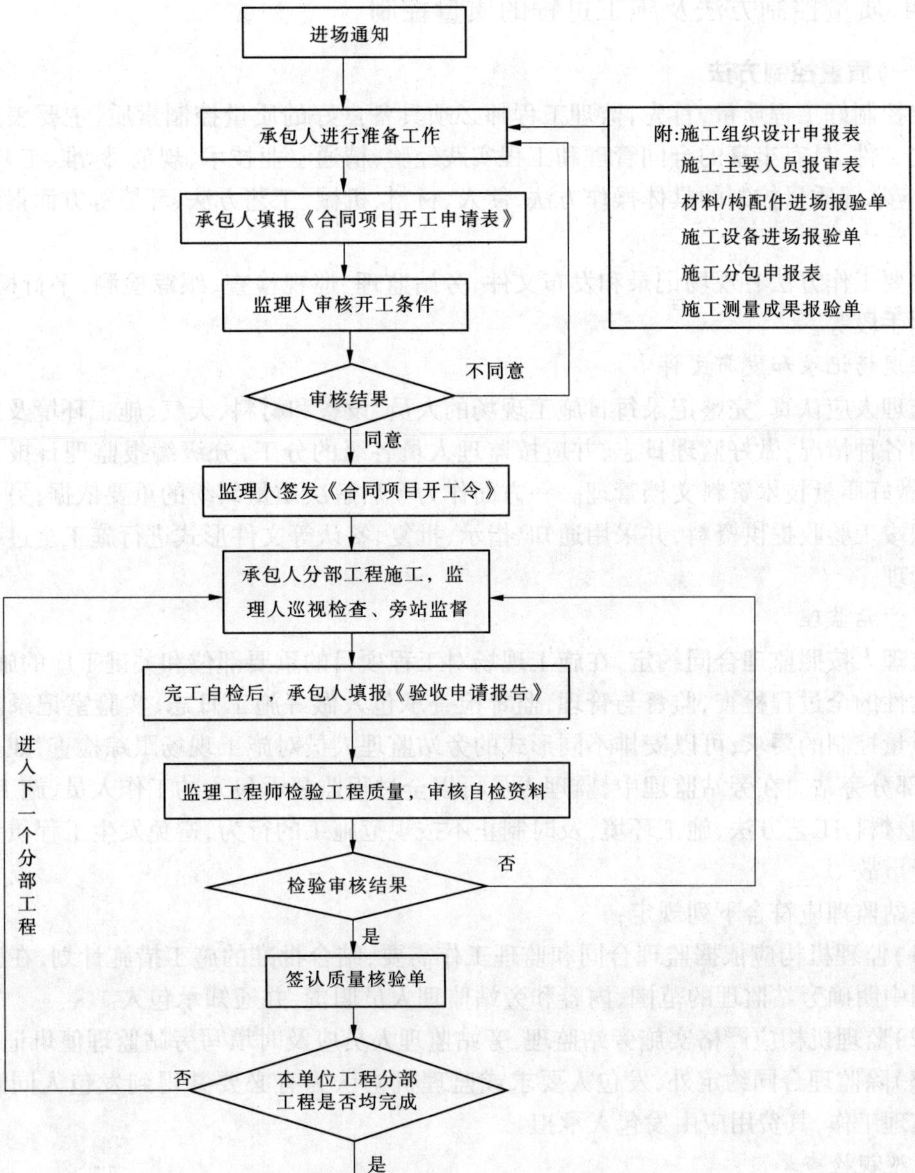

图 2-2　施工阶段工程质量控制工作流程

(6)工程竣工验收制度。在承包人提交验收申请后，监理机构应对其是否具备验收条件进行审核，并根据有关水利工程验收规程或合同约定，参与、组织或协助发包人组织工程验收。

(7)会议制度。包括第一次工地会议制度、监理例会制度、监理专题会议制度等。

四、质量控制方法及施工过程的质量控制

(一)质量控制方法

要控制好工程质量,首先,监理工程师必须具备良好的质量控制素质,主要表现在熟悉合同文件,具有丰富的合同管理和工程实践经验,精通专业技术、规范、标准、工艺方法。其次,应掌握质量控制的具体操作方法,使人、材料、机械、工艺方法、环境等方面得到有效控制。

主要工作方法有现场记录和发布文件、旁站监理、巡视检查、跟踪检测、平行检测、支付控制手段等。

1.现场记录和发布文件

监理人应认真、完整记录每日施工现场的人员、设备和材料、天气、施工环境及施工中出现的各种情况,做好监理日志,并应按监理人员各级的分工,分级编报监理日报、周报、月报,做好质量技术资料文档管理。一方面作为今后解决质量纠纷的重要依据;另一方面为工程竣工验收提供资料,并采用通知、指示、批复、签认等文件形式进行施工全过程的控制和管理。

2.旁站监理

监理人按照监理合同约定,在施工现场对工程项目的重要部位和关键工序的施工,实施连续性的全过程检查、监督与管理,监督检查承包人做好施工日志、实验室记录。根据工程质量控制的要求,可以安排不同形式的旁站监理人员对施工现场跟踪检查,如全过程旁站、部分旁站。在旁站监理中,监理人员可以全过程监督承包人的工作人员、施工设备、使用的材料、工艺方法、施工环境,及时制止不按规范施工的行为,避免发生工程质量问题或质量事故。

旁站监理应符合下列规定:

(1)监理机构应依据监理合同和监理工作需要,结合批准的施工措施计划,在监理实施细则中明确旁站监理的范围、内容和旁站监理人员职责,并通知承包人。

(2)监理机构应严格实施旁站监理,旁站监理人员应及时填写旁站监理值班记录。

(3)除监理合同约定外,发包人要求或监理机构认为有必要并得到发包人同意增加旁站监理工作,其费用应由发包人承担。

3.巡视检查

监理人对所监理的工程项目进行定期或不定期的检查、监督和管理。

4.跟踪检测

在承包人进行试样检测前,监理机构对其检测人员、仪器设备及拟订的检测程序和方法进行审核;在承包人对试样进行检测时,实施全过程的监督,确认其程序、方法的有效性及检测结果的可信性,并对该结果确认。

跟踪检测应符合下列规定:

(1)实施跟踪检测的监理人员应监督承包人的取样、送样及试样的标记和记录,并与承包人送样人员共同在送样记录上签字。发现承包人在取样方法、取样代表性、试样包装或送样过程中存在错误时,应及时要求予以改正。

(2)跟踪检测的项目和数量(比例)应在监理合同中约定。其中,混凝土试样应不少于承包人检测数量的7%,土方试样应不少于承包人检测数量的10%。施工过程中监理机构可根据工程质量控制工作需要和工程质量状况等确定跟踪检测的频次分布,但应对所有见证取样进行跟踪。

5. 平行检测

平行检测是监理人在承包人对试样自行检测的同时,独立抽样进行的检测,核验承包人的检测结果。抽样检验是工程质量的保证。土的回填、混凝土浇筑都需要随机地选取有代表性的样本做性能试验,来反映总体质量是否合格。在工程质量检验中,首先,应采用先进、准确、可靠的检验仪器与手段;其次,应事先进行科学的抽样检验设计,如抽检部位、抽检次数、抽检结果分析方法与标准、质量控制点的选择等。

平行检测应符合下列规定:

(1)监理机构可采用现场测量手段进行平行检测。

(2)需要同时在实验室进行检测的项目,监理机构应按照监理合同约定通知发包人委托或认可的具有相应资质的工程质量检测机构进行检测试验。

(3)平行检测的项目和数量(比例)应在监理合同中约定。其中,混凝土试样应不少于检测数量的3%,重要部位每种强度等级的混凝土至少取样1组;土方试样应不少于承包人检测数量的5%,重要部位至少取样3组。施工过程中,监理机构可根据工程质量控制工作需要和工程质量状况等确定平行检测的频次分布。当根据施工质量情况需要增加平行检测项目、数量时,监理机构可向发包人提出建议,经发包人同意增加的平行检测费用由发包人承担。

(4)当平行检测试验结果与承包人的自检结果不一致时,监理机构应组织承包人及有关各方进行原因分析,提出处理意见。

6. 支付控制手段

支付控制手段是监理合同赋予监理人的一种支付控制权。所谓支付控制权,是指对施工单位支付各项工程款时,必须有监理人签署的支付证明书,项目法人才向施工单位支付工程款,否则项目法人不得支付。监理人应正确行使合同文件赋予的质量认证权和质量否决权,不合格工程部位决不予以计量和支付,并应要求承包人立即返工、修复,直到工程质量达到合格为止。例如:单元工程完工,未经验收签证擅自进行下一道工序的施工,则可暂不支付工程款;单元工程完工后,经检查质量未达到合格标准,在返工修理达到合格标准之前,监理人也可暂不签发支付证明书。

(二)施工过程的质量控制

1. 监理机构自身的准备工作

(1)依据监理合同约定,适时设立现场监理机构,配置监理人员,并进行必要的岗前培训。

(2)建立监理工作规章制度。

(3)接收、收集并熟悉有关工程建设资料,包括工程建设法律、法规、规章和技术标准,工程建设项目设计文件及其他相关文件,合同文件及相关资料等。

(4)接收由发包人提供的交通、通信、试验及办公设施和食宿等生活条件,完善工作和生活环境。

(5)组织编制监理规划和监理实施细则,在约定的期限内报送发包人。

2. 协助发包人做好承包人进场前的准备工作

1)检查开工前需要办理的各类手续

由于各地区对项目施工的手续要求不尽统一,监理人首先应了解当地政府对项目施工开工前需办理的手续种类,例如向主管部门编报开工申请报告,向交通、航运、防汛、消防、环保、土地管理部门等办理有关的登记、申报手续。

2)承包人施工场地占有权和交通通道使用权

为了使承包人能进入施工现场,尽早开始工程施工,项目法人应按照承包人所承包的工程施工的需要,事先划定并给予承包人占有现场各部分的范围,以及及时按合同规定给予承包人施工场地占有权和交通通道使用权。

3)做好施工场地的“四通一平”工作

为了使承包人能尽早开始主体工程的施工,项目法人应事先做好施工现场的“四通一平”,即通水、通电、通路、通信和场地平整工作,这一般是在合同中规定的项目法人为承包人所应提供的必要的施工条件。

4)检查施工图纸的准备情况

招标图纸只作为承包人编制招标书的依据,不能作为施工图纸。按照施工进度的要求,监理人应及时为承包人提供相应施工部位所需要的施工图纸。

5)做好向承包人办理有关交接的准备工作

为了帮助承包人尽快进入角色,加快施工准备工作,监理单位应会同项目法人尽早将施工现场的有关情况向施工单位办理交接。如水源、电源接驳点及其管径、流量、容量等,已装有水表、电表的,双方应办理水表、电表读数认证手续;水准点、坐标点交接及原始的基准点、基准线、参考标高的交接;占道、破堤及开路口的批准文件、具体位置及注意事项;地下电缆、水管等管线情况;如果施工现场处于古代历史文化区域,应提醒施工单位注意可能碰到的地下文物的保护;按合同规定份数向施工单位签发施工图纸、地质勘察及有关技术资料等。

3. 审查承包人的开工条件

1)审查承包人的基本条件

(1)审查承包人的组织机构和工作人员。

(2)审查承包人选定的分包商。

(3)承包人工地实验室和试验计量设备的检查。

(4)对原始基准点、基准线和参考标高的复核和工程放线。

(5)施工机具、设备的检查。

(6)原材料、成品、半成品的检查。

(7)审查承包人的施工组织设计与施工技术措施设计,以及全面质量管理保证体系,这是保证工程施工顺利进行的重要条件。

2)检查承包人的准备工作

(1)承包人派驻现场的主要管理、技术人员数量及资格是否与施工合同文件一致。

如有变化,应重新审查并报发包人认定。

(2)承包人进场施工设备的数量和规格、性能是否符合施工合同约定要求。

(3)检查进场原材料、构配件的质量、规格、性能是否符合有关技术标准和技术条款的要求,原材料的储存量是否满足工程开工及随后施工的需要。

(4)承包人实验室应具备的条件是否符合有关规定要求。

(5)督促承包人对发包人提供的测量基准点进行复核,并督促承包人在此基础上完成施工测量控制网的布设及施工区原始地形图的测绘。

(6)砂石料系统、混凝土拌和系统及场内道路、供水、供电、供风等施工辅助设施的准备。

(7)承包人的质量保证体系。

(8)承包人的施工安全、环境保护措施及规章制度的制定和关键岗位施工人员的资格。

(9)审批承包人提交的中标后的施工组织设计、施工措施计划、施工进度计划和资金流计划等技术资料。

(10)审批应由承包人负责提供的设计文件和施工图纸。

(11)审核按照施工规范要求需要进行的各种施工工艺参数的试验情况。

(12)审核承包人在施工准备完成后递交的项目工程开工申请报告。

4.施工图的审查与签发

施工图的审查是监理人进行质量控制的有效手段之一,也是监理工程师熟悉图纸的必要环节,应坚持谁监理谁审查的原则。据《水利工程建设监理规定》(水利部令第28号),核查并签发施工图,未经总监理工程师签字的施工图不得用于施工。监理单位不得修改工程设计文件。

1)施工图的审查方式

(1)监理工程师单独审查。针对一般性的或者普通的图纸,应由监理工程师按照谁监理谁审查的原则组织审查并签发。

(2)图纸会审。对工程的关键部位,隐蔽工程或者工程的难点、重点或有争议的图纸,由监理人组织项目法人、设计单位和承包人参加图纸会审。首先由设计代表介绍设计意图和设计特点,对施工的要求和技术关键问题,以及对质量、工艺、工序等方面的要求。然后由承包人指出图纸中存在的问题及项目法人的其他要求和意见。再由项目法人、设计单位、监理单位、承包人协商解决存在的问题,写出书面的会议纪要交设计人员,由设计人员进行修改或改进,最终由总监理工程师签发图纸。

2)施工图核查的内容

施工图的核查主要有三个方面。第一,核查是否经设计单位正式签章;第二,核查施工图有没有违背招标图纸的原则和内容;第三,依据《水利工程施工监理规范》(SL 288—2014)对施工图纸进行核查,其主要包括以下内容:

(1)施工图纸与招标图纸是否一致。

(2)各类图纸间、各专业图纸之间、平面图与剖面图之间、各剖面图之间有无矛盾,标注是否清楚、齐全,是否有误。

(3)总平面布置图与施工图纸的位置、几何尺寸、标高等是否一致。

(4)施工图纸与设计说明、技术要求是否一致。

(5)其他涉及设计文件及施工图纸的问题。

施工图纸的核查与签发不属于设计监理或施工图纸审查范畴。

3)施工图的签发

经审查、修正后的正式图纸需经总监理工程师签发。经总监理工程师签发的图纸叫施工图纸。承包人只有按图纸施工,才予以验收、计量与支付。

监理工程师在收到施工详图后,首先应对图纸进行审核,在确认图纸正确无误后,由总监理工程师签发,作为施工图纸下达给承包人,施工图纸即正式生效,承包人就可按施工图纸进行施工。施工图纸应按合同规定的份数免费提供给承包人。承包人需要更多时,可自行复制并负担其费用。除非为执行合同绝对需要,承包人在未经监理工程师同意的情况下,不得将监理工程师提供的图纸、规范和其他文件用于第三方或转送给第三方。在颁发缺陷责任证书时,承包人应将根据合同提供的全部图纸、规范和其他文件退还给监理工程师。提供给承包人的或由承包人提供的图纸的一套复印件应由承包人保留在现场,该套图纸应可随时提供给监理工程师和任何由监理工程师书面授权的其他人员检查与使用。

5.工序质量控制

1)含义

工序是指人、机械、材料、方法、环境等因素对工程综合起作用的过程,它是组成工程施工过程的最基本单位。

工序质量控制就是生产活动效果的质量控制,根据工序质量检验及对反馈来的工程产品性能特征的各方面的质量数据的分析,针对存在的差异问题采取措施,消除这些差异因素,使质量达到合同规定的要求,并保持稳定的调节管理过程。

2)步骤

工序质量控制就是对施工过程的每一道工序质量进行控制,使每一道工序质量符合要求,它是产品质量的一种预防。

工序质量控制是以工序分析为基础的,工序分析为工序的质量控制提供了信息和方法。工序分析一般有下述三个步骤:

第一步,采用因果分析图等方法进行分析,找出支配性要素。

第二步,找出质量特性和工序支配性要素之间的关系,按试验方案进行试验,确定试验结果。

第三步,制定标准,控制支配性要素。

3)内容

工序质量控制主要包括以下内容:

(1)工序施工前的控制,要检查一下上一道工序有无工程质量合格证。

(2)工序施工过程中的质量控制,要求承包人加强工序质量管理,通过工序能力及工序条件的分析研究,充分管理施工工序,使之处于严格的控制之中,以保证工序质量。同时,在工序施工过程中,监理工程师也应加强工序质量检查控制,在工序施工过程中及时检查和抽查,对重要的工序实行旁站检查。对承包人设置的两类质量检验点(见证点和待检点),应重点检查和控制。

所谓见证点，是指承包人在施工过程中达到这一类质量检验点时，应事先书面通知监理工程师到现场见证，观察和检查承包人的实施过程。然而在监理工程师接到通知后未能在约定时间到场的情况下，承包人有权继续施工。

对于某些更为重要的质量检验点，必须要在监理工程师到场监督、检查的情况下承包人才能进行检验。这种质量检验点称为待检点。

见证点和待检点的设置，是监理工程师对工程质量进行检验的一种行之有效的方法。这些检验点应根据承包人的施工技术力量、工程经验，具体的施工条件、环境、材料、机械等各种因素的情况来选定。各承包人的这些因素不同，见证点或待检点也就不同。有些检验点在施工初期当承包人对施工还不太熟悉、质量还不稳定时可以定为待检点，而当承包人已较熟练地掌握施工过程的内在规律、工程质量较稳定时，又可以改为见证点。某些质量检验点对于这个承包人可能是待检点，而对另一承包人则可能是见证点。

(3)工序完成后的质量控制，承包人实行“三检制”，即每道工序完成后必须进行施工班组的施工质量初检，质检科专职质检员或施工队兼职质检员与施工技术人员的复检，以及承包人质检处或专职质检员的终检。监理工程师在对每道施工工序进行检查检测之后，进行工程质量认证或评定。

4)提高质量的过程控制与管理的方法

监理单位在施工过程中应督促和要求施工单位贯彻 PDCA(计划、实施、检查、行动)思想，不断改进质量的技术环节和管理活动。对质量检验中发现的质量缺陷和其他问题，必须及时研究提出处理方案，并提出改进或防范措施，以提高质量管理的效果。

过程控制与管理(PDCA)的方法有以下几点：

(1)规划，即策划阶段——建立工程的总体目标及制定实现目标的具体措施。

(2)实施，即行动阶段——为实现工程目标而执行计划和采取措施。

(3)检查，即评估阶段——检查按规划而执行的有效性和效率，并将结果与原规划进行比较。

(4)评审和改进，即纠正措施阶段——改进识别出来的缺点和不足，修改规划使之适应变化的情况，必要时对程序予以加强或重新确定。

这是一个动态循环的管理过程框架，以持续改进的思想指导组织系统地实现目标。

五、工程质量事故

(一)水利工程质量事故的概念、产生原因及分类

凡水利水电工程在建设中或竣工后，由于建设管理、监理、勘测、设计、咨询、施工、材料、设备等原因造成工程质量不符合规程、规范和合同规定的质量标准，影响工程使用寿命或正常运用，一般需返工或采取补救措施的，统称为工程质量事故。由于施工原因造成的为施工质量事故。

引发质量事故的原因，通常可分为直接原因和间接原因两类。直接原因主要有人的行为不规范和材料、机械的不符合规定状态，例如设计不符合国家规范、施工人员违反作业规程等；水泥的一些指标不符合要求等。间接原因是指质量事故发生场所外的环境因素，如施工管理混乱，质量检查、监督工作失责，规章制度缺乏等。事故的间接原因将会导

致直接原因的发生。质量事故一般原因有违反基本建设程序、工程地质勘察失误或地基处理失误、设计方案和设计计算失误、建筑材料及制品不合格、施工与管理失控等。

水利工程质量事故按直接经济损失大小、处理事故对工期影响时间的长短及对工程正常使用的影响,分为一般质量事故、较大质量事故、重大质量事故和特大质量事故,其标准如表2-1所示。

表2-1 水利工程质量事故分类标准

损失情况		事故类别			
		特大质量事故	重大质量事故	较大质量事故	一般质量事故
事故处理所需的物质、器材和设备、人工等直接损失费用(万元)	大体积混凝土、金属结构制作和机电安装工程	>3 000	500~3 000	100~500	20~100
	土石方工程、混凝土薄壁工程	>1 000	100~1 000	30~100	10~30
事故处理所需合理工期(月)		>6	3~6	1~3	≤1
事故处理后对工程功能和寿命影响		影响工程正常使用,需限制条件运行	不影响正常使用,但对工程寿命有较大影响	不影响正常使用,但对工程寿命有一定影响	不影响正常使用和工程寿命

注:1.直接经济损失费用为必需条件,其余两项主要适用于大中型工程。

2.小于一般质量事故的质量问题称为质量缺陷。

3.表中的数值范围内,上限值为应小于或等于的数值,下限值为应大于的数值。

(二)质量事故的分析处理

因质量事故造成人身伤亡的,还应遵从国家和水利部伤亡事故处理的有关规定。

发生质量事故,必须坚持"事故原因不查清楚不放过、主要事故责任者和职工未受到教育不放过、补救和防范措施不落实不放过"的原则,认真调查事故原因,研究处理措施,查明事故责任,做好事故处理工作。

由质量事故而造成的损失费用,坚持"谁该承担事故责任,由谁负责"的原则。

质量事故分析处理的一般步骤如下。

1.下达工程施工暂停令

发现(发生)质量事故,监理机构首先应向承包人下达工程施工暂停令。承包人要严格保护现场,采取有效措施减少损失。事故单位要在48 h内向有关单位写出书面报告;突发性事故,要在4 h内打电话向有关单位报告。按照质量事故的报告制度,发生质量事故后,项目法人必须将事故的简要情况向项目主管部门报告。项目主管部门接事故报告后,按照管理权限向上级水行政主管部门报告。一般质量事故向项目主管部门报告。较大质量事故逐级向省级水行政主管部门或流域机构报告。重大质量事故逐级向省级水行政主管部门或流域机构报告并抄报水利部。特大质量事故逐级向水利部和有关部门报告。

2. 事故调查

事故调查组织部门,一般事故由项目法人组织设计、施工、监理等单位进行调查,调查结果报项目主管部门核备。较大质量事故由项目主管部门组织调查组进行调查,调查结果报上级主管部门批准并报省级水行政主管部门核备。重大质量事故由省级以上水行政主管部门组织调查组进行调查,调查结果报水利部核备。特大质量事故由水利部组织调查。监理机构应积极配合事故调查组进行工程质量事故调查、事故原因分析,参与处理意见等工作,监理人在对质量事故作出处理决定时,应进行认真的调查和研究。特别是一些复杂的工程质量事故,还应进行试验验证、定期观测或专门论证等工作。

3. 事故处理和检查验收

监理人对质量事故的处理,常用的方法有以下三种:

(1)不需进行处理。监理人一般在不影响结构安全、生产工艺和使用要求,或某些轻微的质量缺陷,通过后续工序可以弥补等情况下,常作出不需要进行处理的决定;或检验中的质量问题,经论证后可不作处理;或对出现的事故,经复核验算,仍能满足设计要求者,也可不作处理。

(2)修补处理。监理人对某些虽然未达到规范规定的标准,存在一定的缺陷,但经过修补后还可以达到规范要求的标准,同时又不影响使用功能和外观的质量问题,可以作出进行修补处理的决定。

(3)返工处理。凡是工程质量未达到合同规定的标准,有明显而又严重的质量问题,又无法通过修补来纠正所产生的缺陷,监理人应对其作出返工处理的决定。

由项目法人负责组织有关单位提出处理方案的,征求事故调查组意见后,报省级水行政主管部门或流域机构审定后实施,并报水利部备案。监理机构应指示承包人按照批准的工程质量事故处理方案和措施对事故进行处理。经监理机构检验合格后,承包人方可进入下一阶段施工。

4. 下达复工令

事故处理经过评定和验收后,总监理工程师下达复工通知。

六、质量控制的数理统计分析方法

工程质量检验是对工程实体的一个或多个特性进行的诸如测量、检查、试验或度量,并将结果与规定要求进行比较,以确定每项特性的合格情况而进行的活动。质量检验的目的:一是决定工程产品(或原材料)的质量特性是否符合规定的要求;二是判断工序是否正常。监理机构通常采用抽样检验方法对承包人的检验结果进行复核。抽样检验是收集质量数据的重要手段,在工程项目的施工过程中,数据是质量控制中最重要的信息,是质量控制的基础,通过质量数据的收集、整理和分析,可以找出质量的变化规律,发现存在的质量问题,及时采取预防和纠正措施,从而使产品的质量处于受控状态。在水利工程施工中,工程实体的一个或多个特性质量判断往往运用数理统计手段,从人、机械、材料、方法、环境等几个方面确定各工序影响工程质量的关键因素,进行控制,提高产品的合格率。该方法有很多种,常用质量分析工具有排列图、直方图、控制图、因果分析图、分层法、相关图法和调查表等七种。

(一)排列图

排列图又称巴氏图,是用来分析各因素对质量的影响程度。其原理是按照出现各种质量问题的频数,按大小顺序排列,寻找到造成质量问题的主要因素和次要因素,以便抓住关键,采取措施,加以解决。

排列图由两条纵坐标、一条横坐标、若干矩形和一条曲线组成。左边纵坐标表示频数,即影响调查对象质量的因素重复发生或出现次数(件数、个数、点数)等;横坐标表示影响质量的各种因素,按其影响程度的大小,由左至右依次排列;右边纵坐标表示的是累积频率,即表示横坐标所示的各种质量影响因素在整个影响因素频数中所占的比率,巴雷特曲线则表示各种质量因素在整个影响因素中的累积频率,如图2-3所示。

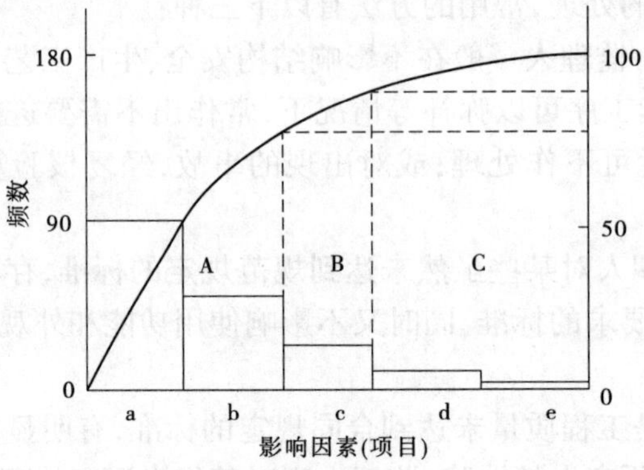

图2-3 排列图

通常将巴氏曲线分成三个区:累积频率在80%以下的为A区,其所包含的因素是主要因素或关键项目,是应解决的重点;累积频率在80%~90%区域的为B区,其所包含的因素为一般因素;累积频率在90%~100%区域的为C区,为次要因素,一般不作为解决重点。

(二)直方图

直方图是通过频数分布来进一步分析、研究数据的集中程度和波动范围的一种数学方法,也是整理数据、判断和预测生产过程中质量管理的一种常用工具,主要用来分析质量的稳定程度。通过抽样检查,对一些计量型质量指标,如干密度、抗压强度等,作出频数分布直方图。横坐标为质量指标,纵坐标为频数或相对频数。

(三)控制图

为了控制生产的质量状态,必须在生产过程中及时了解质量随时间变化的状态,并使它处于稳定的状态,这就需要借助于控制图。控制图法也称为管理图法,它的使用有可能使质量控制从事后检查变为事先预防。借助于控制图提供的质量动态数据,人们可以了解工序质量状态,发现问题,查明原因,采取措施,使生产处于稳定状态。

控制图用以进行适时的生产控制,掌握生产过程的波动状况,以便采取对策,使生产处于稳定状态。控制图分为双侧控制图和单侧控制图两类。双侧控制图以横坐标为抽样时间或样本序号,纵坐标为质量指标。双侧控制图上主要有三条线:中心线(*CL*,代表质量的平均指标)、控制上限(*UCL*)、控制下限(*LCL*)。上下控制线是判别产品是否处于控制状态的界限。它们的作用是判别工序是否有异常。控制对象发出的反映质量动态的质量特性值用图中某一点来表示，将连续打出的点子顺序连接起来，形成表示质量波动的折线，即为双侧控制图，如图 2-4 所示。单侧控制图仅适用于上界限或下界限需要控制的质量特性，例如混凝土强度只需控制上限的质量特性等。

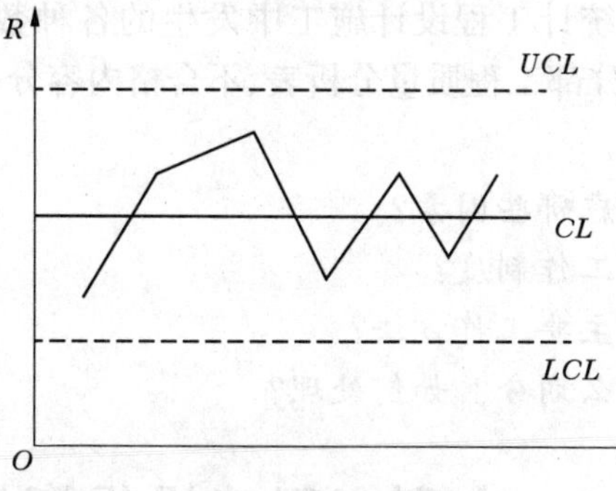

图 2-4　双侧控制图

(四)因果分析图

因果分析图又称特性要因图，又叫鱼刺图，是用来表示因果关系的。根据排列图找出主要因素(主要问题)，用因果分析图探寻问题产生的原因。寻找原因时，可从影响工序(生产)的操作人员、机械设备性能、材料、工艺(或操作方法)和环境条件等五个方面考虑。对每个原因要逐层分析，从大到小，追究原因中的原因，即大原因、中原因、小原因等，直到能针对原因采取具体措施解决的程度为止。按大、小原因的顺序，用箭线逐层标记在图上，如图 2-5 所示。

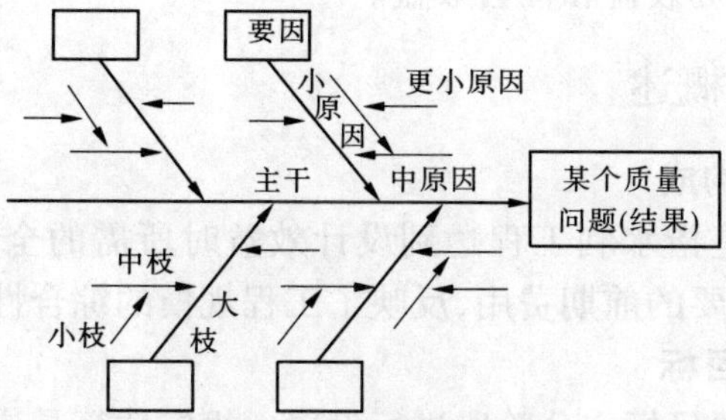

图 2-5　因果分析图

根据主要原因，制订出相应措施，措施落实后，再通过排列图等，检查其效果。

(五)分层法

分层法也称分组法，是将收集来的数据进行整理分析，然后按照不同的目的进行分类，将相同性质、相同施工条件下的数据归为一类，而后利用其他方法制成有关图表，可以得到如分层排列图、分层直方图等。一般来说，分层法不是单独使用的，它是与其他方法配合使用的。

(六)相关图法

相关图法又称散布法，它是一种分析、判断两种测定数据之间是否存在相关关系，以及其相关程度的方法，用来分析影响质量原因之间的相关关系。

纵坐标代表某项质量指标,横坐标代表影响质量的某种原因,图中点的集合反映两种数据的相关性及其程度。由于质量指标和原因之间不一定存在确定的关系,故散布中点子可能比较分散,但可以通过相关分析,确定指标与原因之间的相关程度。

(七)调查表

调查表是用图表或表格统计工程设计施工中发生的各种数据,并对统计的数据概略分析。比较常用的分析表有分部工程质量分析表、不合格内容分析表、不良因素分析表等。

【请你完成】

1. 工程质量控制需要考虑哪些因素?
2. 水利工程监理有哪些工作制度?
3. 水利工程监理有哪些主要工作方法?
4. 水利工程质量事故怎么划分?如何处理?

任务二 水利工程建设投资控制

【请你思考】

作为一名监理人员,怎么做才能帮助项目法人更好地"用财、理财",保证投资目标的实现?

【请你参考】

工程投资控制是监理人的主要任务,投资控制贯穿于工程建设的各个阶段。其实质就是使项目的总投资控制在批准的投资限额以内,随时纠正发生的偏离,以保证投资目标的实现,并取得较好的投资效益和社会效益。

一、工程投资控制概述

(一)工程项目投资构成

水利工程项目投资是指水利工程达到设计效益时所需的全部建设资金。它包括规划、勘测、设计、科研等必要的前期费用,反映了工程规模的综合性指标。

(二)工程投资控制目标

建设项目投资控制的目标应分阶段进行设置。投资估算是进行初步设计的建设项目投资控制目标,它是建设项目投资的最高限额,不得随意突破;设计概算是技术设计和施工图设计的投资控制目标;设计预算或工程合同价是工程实施阶段投资控制的目标。它们相互制约、相互补充,前者控制后者,后者补充前者,共同组成项目投资控制的目标系统。

(三)建设前期是项目投资控制的重点

工程建设项目在建设的各个阶段所花费的投资是不同的,施工阶段消耗了大量的投资,然而决策阶段节约投资的可能性最大。决策是项目成败的关键,如果决策失误,那么造成的损失是惊人的。在本阶段进行工程项目的机会研究、初步可行性研究、编写项目建议书、进行可行性研究,对拟建项目进行市场调查和预测,编写投资估算,进行环境影响评价、财务评价、国民经济评价和社会评价。

在项目作出投资决策后,控制项目投资的重点就在于设计阶段。据分析,设计费用一般只相当于建设工程全部费用的1%以下，但它却决定了几乎全部随后的费用，表2-2是建设各阶段节约投资的可能性。

表2-2　建设各阶段可能节约投资的比例

阶段	可行性研究	初步设计	技术设计	施工图设计	施工组织设计
可能节约投资的比例	95% ~100%	75% ~95%	35% ~75%	10% ~35%	10%

（四）投资控制措施

要有效控制项目投资，应从组织、技术、经济、合同与信息管理等方面采取措施。从组织上采取措施包括明确项目结构，明确项目投资控制者及其任务，以使项目投资控制有专人负责，明确组织职能分工；从技术上采取措施包括重视设计多方案选择，严格审查初步设计、技术设计、施工图设计、施工组织设计，深入技术领域研究节约投资的可能性；从经济上采取措施包括动态比较项目投资的实际值和计划值，严格审核各项费用支出，采取节约投资的奖励措施等。

二、施工阶段的投资控制

众所周知，建设工程的投资主要发生在施工阶段，在这一阶段需要投入大量的人力、物力、资金等，是工程项目建设费用消耗最多的时期，浪费投资的可能性比较大。因此，对施工阶段的投资控制应给予足够的重视。目前，我国监理机构主要在施工阶段进行投资控制，本节主要介绍监理机构在施工阶段的投资控制内容。

（一）影响投资控制的主要因素

施工阶段影响投资控制的主要因素有工程材料成本、人工成本、机械使用成本和施工管理费、总工期、施工索赔等。

总工期是指从破土动工到竣工交付使用的全部日历天数。它直接影响工程总额、投资回收期和建设项目效益的发挥，无论是工期延长还是加速施工，都会带来投资的变化。工程建设项目周期长，还可能因物价上涨，导致工程投资增大。

（二）投资控制流程

投资控制按投资流程进行，如图2-6所示。

（三）资金投入计划编制

监理人在审批承包人呈报的现金流量估算计划的基础上，要编制工程项目建设资金的投入计划，为进行投资控制奠定基础。

资金投入计划的编制过程为：首先，在工程施工招标文件的工程量清单项目划分基础上，根据承包人的投标报价和物资采购合同的报价，综合考虑承包人的其他支出，进行资金分配；其次，按照施工进度计划的安排，统计各时段需要投入的资金，得到资金投入现金流过程；最后，在资金投入现金流过程的基础上，按时间对资金进行累积计算，即可得到资金投入计划。

（四）工程计量

工程测量和计算，简称工程计量。在水利工程施工中，对承包人的工程价款支付，大

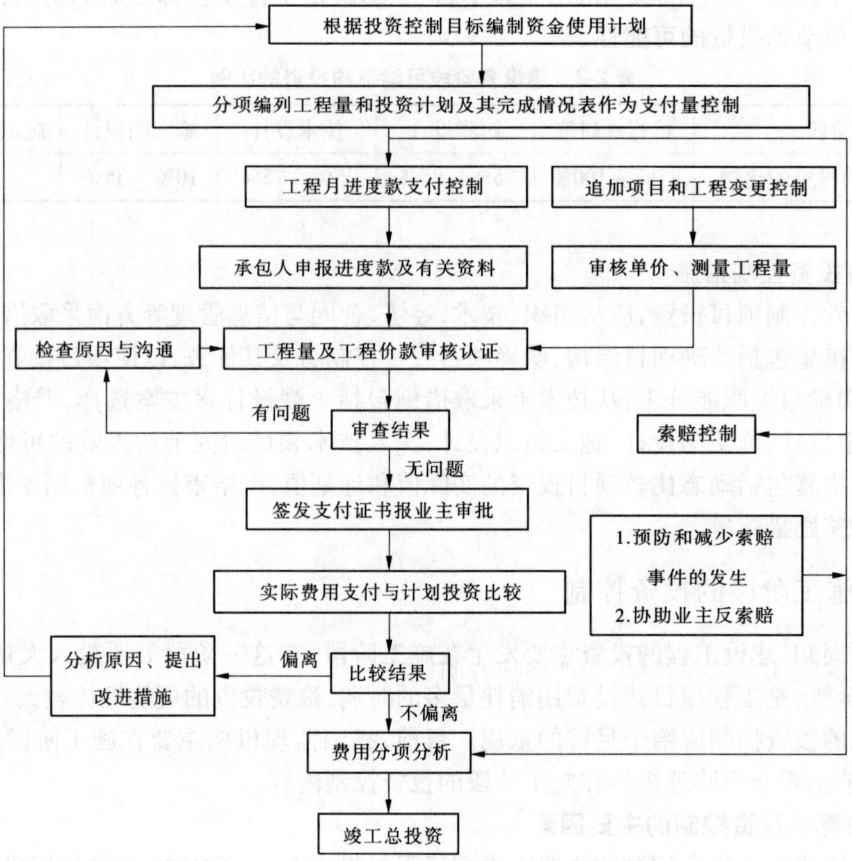

图2-6　投资控制流程

多数是按照实际完成的工程数量来进行计算的。工程量清单中开列的工程量是合同的估算工程量,不是承包人为履行合同应当完成的和用于结算的工程量。结算的工程量应是承包人实际完成的并按合同有关计量规定计量的工程量。因此,项目的计量支付,必须以监理人确认的中间计量作为支付的凭证,未经监理人计量确认的任何项目,一律不予支付。所以,计量是控制项目投资支出的关键环节。

在施工过程中,由于地质、地形条件变化,设计变更等多方面的影响,招标中的名义工程量和施工中的实际工程量很难一致,再加上工期长,影响因素多,因此在计量工作中,监理人既要做到公正、诚信、科学,又必须使计量审核统计工作在工程一开始就达到系统化、程序化、标准化和制度化。

1.工程计量原则

计量工作关系到合同双方的利益,在工程计量中,监理人应遵守以下原则:

(1)计量的项目必须是合同中规定的项目。

在工程计量中,只计量合同中规定的项目。对合同工程量清单规定以外的项目(如承包人自己规划的施工便道、临时栈桥等)不予计量。

(2)计量项目应确属完工或正在施工项目的已完成部分。

(3)计量项目的质量应达到合同规定的技术标准。

(4)计量项目的申报资料和验收手续应该齐全。

(5)计量结果必须得到监理人和承包人双方确认。

(6)计量方法一致。

2. 计量的方法

工程计量的范围包括三个方面:一是工程量清单中的全部项目;二是合同文件中规定的项目;三是工程变更项目。一般情况下,工程计量有以下几种方法:

(1)现场测量。就是根据现场实际完成的工程情况,按规定的方法进行丈量、测算,最终确定支付工程量。

(2)按设计图纸测量。是指根据施工图对完成的工程进行计算,以确定支付的工程量。

(3)仪表测量。是指通过使用仪表对所完成的工程进行计量,如混凝土灌浆计量等。

(4)按单据计算。是指按工程实际发生的发票、收据等进行的计量。

(5)按监理人批准计量。是指在工程实施中,监理人批准确认的工程量直接作为支付工程量,承包商据此进行支付申请工作。

(6)合同中个别采用包干计价项目的计量。包干计价项目一般以总价控制、检查项目完成的形象面貌,逐月或逐季支付价款。但有的项目也可进行计量控制,其计量方式可按中间计量统计支付,同时也要严格按合同文件要求执行。

包干一般在总价确定以后。除非十分特殊的原因,总价不能变更,其每月支付的工程价款也与当日实际完成的数量有关系。一般来讲,该项工程在全部完成后,即应将规定的价款全部支付。

3. 计量的方式

1)由承包人在监理人的监督下进行计量

计量工作完全由承包人进行,但监理人应对承包人的计量提出具体的要求,包括计量的格式、计量记录及有关资料的规定,承包人用于计量设备的精度、计量人员的素质等。计量工作在监理人的监督下进行。

承包人计量完成后,需将计量的结果及有关记录和资料,报送监理人审核,以监理人审核确认的结果作为支付的凭据。

采用这种计量方式,唯一的优点是占用的监理人员较少。但是,由于计量工作全部由承包人进行,监理人只是通过抽测甚至免测加以确认,容易使计量失控。因此,采用这种方式的计量,监理人应加强对中间计量的管理,克服由于中间计量不严格对工程费用的影响。

2)监理人与承包人联合计量

由监理单位与承包人分别委派专人组成联合计量小组,共同负责计量工作。当需要对某项工程项目进行计量时,由这个小组商定计量的时间,并做好有关方面的准备工作,然后到现场共同进行计量,计量后双方签字认可,最后由监理人审批。

采用这种计量方式,由于双方在现场共同确认计量结果,与上述其他两种方式相比,减少了计量与计量结果确认的时间,同时也保证了计量的质量,是目前提倡的计量方式。

4. 工程量计量方法

所有工程项目的计量方法均应符合合同技术条款的规定,使用的计量设备和用具均应符合国家度量衡标准的精度要求。

1)质量计量的计算

钢材的计量是以质量来计量的,钢材的计量应按施工图纸所示的净值计量。钢筋应按监理人批准的钢筋下料表,以直径和长度计算,不计入钢筋损耗和架设定位的附加钢筋量;预应力钢绞线、预应力钢筋和预应力钢丝的工程量,按锚固长度与工作长度之和计算质量;钢板和型钢钢材按制成件的成型净尺寸与使用钢材规格的标准单位质量计算其工程量,不计其下料损耗量和施工安装等所需的附加钢材用量。施工附加量均不单独计量,而应包括在有关钢筋、钢材和预应力钢材等各自的单价中。

2)面积计量的计算

结构面积的计算,应按施工图纸所示结构物尺寸线或监理人指示在现场实际测量的结构物净尺寸线进行计算。

3)体积计量的计算

结构物体积计量的计算,应按施工图纸所示轮廓线内的实际工程量或按监理人指示在现场量测的净尺寸线进行计算。经监理人批准,大体积混凝土中所设体积小于0.1 m^3的孔洞、排水管、预埋管和凹槽等工程量不予扣除,按施工图纸和指示要求对临时孔洞进行回填的工程量不重复计量。

混凝土工程量的计量,应按监理人签认的已完工程的净尺寸计算;土石方填筑工程量的计量,应按完工验收时实测的工程量进行最终计量。

4)长度计量的计算

所有以延米计量的结构物,除施工图纸另有规定外,应按平行于结构物位置的纵向轴线或基础方向的长度计算。

5.特殊情况下的计量

1)按工程价值形成过程或因素计量

工程量的测量和计算,一般指工程量表中列明的永久工程实物量的计量。但费用控制实施过程中,有时需要对工程价值的形成过程或因素进行计量以决定支付,如承包人为应付意外事件所进行的工作,以及按监理人指令进行的计日工作等。

工程价值形成因素主要有人工消耗(工日数)、机械台(时)班消耗、材料消耗、时间消耗及其他有关消耗。

2)索赔计量

费用控制中遇到较多的赔偿计量是对承包人提出的索赔计量。

索赔计量中主要是价值因素的计量,包括有形资源(人工、机械、材料)损失计量和无形资源(时间、效率、空间)损失计量。

索赔计量中直接损失较易计算,而间接损失则需要协商达成一致。

项目法人认定承包人违约而要求索取赔偿的计量方法同上。

3)以区分责任为前提的计量

有些情况的计量是先区分责任,然后对非承包人原因造成的损失部分进行计量,而对承包人自身原因造成的费用增加不予计量。

总之,特殊情况下的计量,与对永久工程的实物量计量不同,常常需要将某些难以量化的因素加以分析、论证，适当反映为某种可量化的计量结果（货币金额、工期日数），通过支付给予损失方某种补偿，充分协商是必要的。

（五）工程款的支付

合同内支付指监理人在项目法人明确授权的合同价格范围内，以及可以直接援引合同规定通过计量和支付手段进行的费用控制活动。合同内支付的内容包括预付款的支付与扣还、工程进度付款、保留金的扣留与退还、完工支付与最终支付、工程变更支付、合同内支付的价格调整、索赔支付。

1. 工程款的主要结算方式

（1）按月结算。实行旬末或月中预支、月终结算、竣工后清算的办法。跨年度的工程，还需要进行年终结算。我国现行工程价款结算中，相当一部分实行按月结算方式。

（2）分段结算。当年开工、当年不能竣工的单项工程或单位工程按照工程的形象进度，划分为不同阶段进行结算。分段结算可以按月预支工程款。水利工程中总价承包的单位工程或单项工程，以及当年不能竣工的一些临时工程均采用此种方式进行结算。

（3）竣工后一次结算。建设项目或单项工程全部建筑安装工程在 12 个月以内时，可采用每月月中预支价款，竣工后一次结算的方式。

（4）其他结算方式。

2. 预付款的支付与扣还

由于水利工程项目一般投资巨大，承包人往往难以承受，项目法人以无息贷款方式在中标后、工程正式开工前支付给承包人一部分资金，帮助承包人尽快开始正常施工。

根据《水利工程设计概（估）算编制规定》，预付款一般可分为工程预付款和工程材料预付款两部分。

1）工程预付款的支付

工程预付款可使承包人在合同签约后，尽快做好施工准备，并用于工程施工初期各项费用的支出。工程预付款的总金额应不低于合同价格的 10%，分两次支付给承包人。第一次预付款的金额应不低于工程预付款总金额的 40%，在协议书签订后 21 天内，由承包人向发包人提交经发包人认可的工程预付款保函，并经监理人出具付款证书报送发包人批准后予以支付。第二次预付款需待承包人主要设备进入工地后，其估算价值已达到本次预付款金额时，由承包人提出书面申请，经监理人核实后出具付款证书报送发包人，发包人在收到监理人出具的付款证书后的 14 天内支付给承包人。工程预付款总金额的额度和分次付款比例在专用合同条款中规定。

2）工程预付款的扣还

工程预付款由发包人从月进度付款中扣回。在合同累计完成金额达到专用合同条款规定的数额时开始扣款，直至合同累积完成金额达到专用合同条款规定的数额时全部扣清。

在每次进度付款时，累积扣回的金额按下式计算：

$$R = \frac{A}{(F_2 - F_1)S}(C - F_1 S) \tag{2-1}$$

式中　R——每次进度付款中累积扣回的金额；

A——工程预付款总金额；

S—合同价格;

C——合同累计完成金额;

F_1——按专用合同条款规定开始扣款时合同累积完成金额达到合同价格的比例;

F_2——按专用合同条款规定全部扣清时合同累积完成金额达到合同价格的比例。

上述合同累计完成金额均指价格调整前未扣保留金的金额。

3)工程材料预付款的支付与扣还

水利工程一般所需材料的种类和数量较多,提前备料所需资金较大,因此考虑支付给承包人一定数量的材料预付款。材料预付款用于帮助承包人在施工初期购进成为永久工程组成部分的主要材料的款项。工程主要材料到达工地并满足以下条件后,承包人可向监理人提交材料预付款支付申请单:

(1)材料的质量和储存条件符合技术条款的要求。

(2)材料已到达工地,并经承包人和监理人共同验点入库。

(3)承包人应按监理人的要求提交材料的订货单、收据或价格证明文件。

预付款付款办法及扣还应由合同双方在合同专用条款中约定。

3. 工程进度付款

工程进度款的支付也称中间结算,在水利工程施工合同中,一般规定按月支付。每月结算是在上月结算的基础上进行的,这种支付方式公平合理,风险性小,便于控制。

1)月进度付款申请单

承包人应在每月末按监理人规定的格式提交月进度付款申请单(1式4份),并附上完成工程量月报表。该申请单应包括以下内容:

(1)已完成的工程量清单中的工程项目及其他项目的应付金额。

(2)经监理人签认的当月计日工支付凭证标明的应付金额。

(3)按规定应付的工程材料预付款金额。

(4)价格调整金额。

(5)根据合同规定承包人应有权得到的其他金额。

(6)扣除工程预付款和工程材料预付款金额。

(7)扣除保留金金额。

(8)扣除按合同规定应由承包人付给发包人的其他金额。

2)月进度付款证书

监理人在收到月进度付款申请单后的14天内完成核查,并向发包人出具月进度付款证书,提出发包人应当到期支付给承包人的金额及相应的支持性材料,经发包人审查同意后,由监理人向承包人出具月进度付款证书。

3)工程进度付款的修正和更改

监理人有权通过对以往历次已签证的月进度付款证书的汇总和复核中发现的错、漏或重复进行修正或更改,承包人亦有权提出此类修正或更改。经双方复核同意的此类修正或更改,应列入月进度付款证书中予以支付或扣除。

4)支付时间

发包人收到监理人签证的月进度付款证书并审批后支付给承包人,支付时间不应超过监理人收到月进度付款申请单后28天。若不按期支付，则应从逾期第一天起按专用合同条款中规定的逾期付款违约金加付给承包人。

4.保留金的扣留与退还

保留金是项目法人持有的一种保证，是为了促使承包人抓紧工程收尾工作，尽快完成合同任务，确保在工程竣工移交后，在缺陷责任期内承包人仍能履行修补缺陷的义务。合同一般规定，监理人应从第一个月开始，在给承包人的月进度付款中扣留按专用合同条款规定百分比的金额作为保留金（其计算额度不包括预付款和价格调整金额），直至扣留的保留金总额达到专用合同条款规定的数额为止。

合同完工证书颁发后14天内，发包人将保留金总额的一半支付给承包人。在合同约定的缺陷责任期（工程质量保修期）满时，发包人将在30个工作日内会同承包人按照合同约定的内容核实承包人是否完成保修责任。如无异议，发包人应将剩余的保留金支付给承包人。若保修期满时尚需承包人完成剩余工作，则监理人有权在付款证书中扣留与剩余工作所需金额相应的保留金余额。

5.最终支付（最终结算）

在工程质量保修期（缺陷责任期）终止后，并且发包人或监理人颁发了工程质量保修责任终止证书，可进行工程的最终结算，程序如下。

1）承包人提交最终结清申请单

工程质量保修责任终止证书签发后，承包人应按监理人批准的格式提交最终结清申请单，该申请单应包括以下内容，并附有关的证明文件：

（1）按合同规定已经完成的全部工程价款金额。

（2）按合同规定应付给承包人的追加金额。

（3）承包人认为应付给他的其他金额。

若发包人或监理人对最终结清申请单中的内容有异议，有权要求承包人进行修改和提供补充资料。

2）最终结清证书和支付时间

监理人收到经其同意的最终结清申请单后的14天内，提出发包人应支付给承包人的价款送发包人审核并抄送承包人。发包人应在收到后14天内审核完毕，由监理人出具经发包人签认的最终结清证书。

发包人应在监理人出具最终结清证书后的14天内，将应支付款支付给承包人。

6.备用金（暂列金额）

在工程招标投标期间，对于没有足够资料可以准确估价的项目和意外事件，可以采取备用金的形式在招标文件的工程量清单中列出。备用金又称暂列金额，指由发包人在工程量清单中专项列出的用于签订协议书时尚未确定或不可预见项目的备用金额。该项金额应按监理人的指示，并经发包人批准后才能动用。承包人仅有权得到由监理人决定列入备用金有关工作所需的费用和利润。监理人应与发包人协商后，将决定通知承包人。除按合同文件中规定的单价或合价计算的项目外，承包人应提交监理人要求的属于备用金专项内开支的有关凭证。监理人可以指示承包人进行上述备用金项下的工作，并根据合同关于变更的规定办理。

7. 价格调整

价格调整是指以合同条款(如调价公式等)为依据,根据工程实施中实际发生的情况(如劳务、材料等价格的涨落),通过计算所得的调整款额,由承包人报请监理人审批。

(六)工程变更控制

1. 工程变更的概念

工程变更是指因设计条件、施工现场条件、设计方案、施工方案发生变化,或发包人与监理单位认为必要时,为实现合同目的对设计文件或施工状态所作出的改变与修改。

工程变更包括设计变更和施工变更。水利工程建设项目具有工期长、规模大、涉及面广,以及地质条件复杂、不可预见因素多等特点,这就决定了在工程建设过程中出现一定的工程变更是不可避免的。由于工程变更所引起的工程量的变化、承包人的索赔等,都可能使项目投资超出原来的预算投资,监理人必须严格予以控制,密切注意其对未完工程投资支出的影响和对工期的影响。

监理人可根据工程的需要指示承包人进行以下各种类型的变更:

(1)增加或减少合同中任何一项工作内容。

(2)增加或减少合同中关键项目的工程量超过专用合同条款规定的百分比。

(3)取消合同中任何一项工作(但被取消的工作不能转由发包人或其他承包人实施)。

(4)改变合同中任何一项工作的标准或性质。

(5)改变工程建筑物的形式、基线、标高、位置或尺寸。

(6)改变合同中任何一项工程的完工日期或改变已批准的施工顺序。

(7)追加未完成工程所需的任何额外工作。

因此,承包人首先必须执行监理人发出的工程变更指令,然后只能通过在商定工程变更引起的工期调整和价格调整时,维护自身的权益或获取收益。

若承包人根据工程施工的需要,要求监理人对合同的任一项目和任一项工作作出变更,则应由承包人提交一份详细的变更申请报告报送监理人审批。未经监理人批准,承包人不得擅自变更。承包人要求的变更属合理化建议的性质时,若建议被采纳,需待监理人发出变更批示后方可实施,若由于采用承包人提出的合理化建议降低了合同价格,则发包人应酌情给予奖励。承包人违约或其他由于承包人原因引起的变更,其增加的费用和工期延误责任由承包人承担。

2. 工程变更的原因

引起工程变更的原因很多,一般情况下主要有下列几个方面的原因。

1)设计变更

设计变更可发生在设计阶段,可能是因为发包人对项目的构想产生变化或其他方面的因素,而要求设计变更。在施工阶段也可能发生设计变更,可能是发包人根据施工现场实际情况,或者政府部门对工程建设要求的改变,提出设计变更;可能是监理单位、设计单位对原设计中不合理之处提出设计变更;承包人也可能根据现场施工条件提出合理化建议,而请求设计变更。

2)进度协调引起进度计划改变

水利工程项目大多是平行发包,一般情况下,工程分标越多,在施工过程中的空间、时间上相互干扰也越大,如何组织好各标之间的衔接,使工程总体能有机地交叉并协调有序地进行,是监理人的一项重要任务。监理人在考虑承包人之间的进度协调或发包人工程设备供应、资金供应、图纸供应等要求,对某承包人的施工进度作出的进度协调,属于工程变更。

3)施工现场条件的变化

在水利工程施工中,施工现场条件变化是经常发生的,可能是因为勘测工作深度不够,现场实际情况与预计不同。例如,某隧洞开挖,原设计为Ⅲ类围岩,实际为Ⅳ、Ⅴ类围岩,且又夹有一斜向断层,渗水严重,开挖中多次局部塌方。若采用原设计方案喷混凝土,将会出现较大问题。针对现场实际情况,经研究后做了结构修改,保证了设计质量和施工质量。

4)工程范围发生变化

因工程范围发生变化,出现了合同范围以外的工作项目,称为新增项目,也叫合同外项目,这使工程项目的合同管理工作增加了新的内容。例如:合同规定要修建一座土坝,而承包人在签订承包协议书以后改为修建土石坝;或要求将合同规定的8层楼房加高到10层;或要求将合同规定的100 km道路延长到120 km等,都属于工程变更。

3. 工程变更的处理原则

(1)变更需要延长工期时,应按合同相关条款的规定办理;若变更使合同工作量减少,监理人认为应予提前变更项目的工期时,由监理人和承包人协商确定。

(2)变更需要调整合同价格时,按以下原则确定其单价或合价:

①已标价工程量清单中有适用于变更工作的子目时,应采用该子目的单价。

②已标价工程量清单中无适用于变更工作的子目时,但有类似子目的,则可在合理的范围内参考类似子目的单价,由监理人按合同约定与合同当事人商定或确定变更工作的单价。

③已标价工程量清单中无适合或类似子目单价,则由监理人按合同约定与合同当事人商定或确定变更工作的单价。

任何一项变更引起本合同工程或部分工程的施工组织和进度计划发生实质性变动,以致影响本项目和其他项目的单价或合价时,发包人和承包人均有权要求调整本项目和其他项目的单价,具体由监理人与发包人和承包人协商确定。

4. 工程变更的处理程序及费用确定

1)变更指示

监理人应在发包人授权范围内,及时向承包人发出变更指示。变更指示的内容应包括变更项目的详细变更内容、变更工程量、变更项目的施工技术要求和有关文件图纸,以及变更处理原则。

2)变更报价

承包人收到监理人发出的变更指示后28天内,应向监理人提交一份变更报价书,其内容应包括承包人确认的变更处理原则和变更工程量及变更项目的报价单。监理人认为必要时,可要求承包人提交重大变更项目的施工措施、进度计划和单价分析等。承包人对监理人提出的变更处理原则持有异议时,可在收到变更指示后7天内通知监理人,监理人

4.监理人对索赔的审查与合理处理

监理人对索赔要求的审查和合理处理,是施工阶段控制投资的一个重要方面,包括以下主要工作。

1)审定索赔权

工程施工索赔的法律依据,是该工程项目的合同文件,也要参照有关施工索赔的法规。监理人在评审承包人的索赔报告时,首先要审定承包人的索赔要求有没有合同、法律依据,即有没有该项索赔权。

根据施工索赔的实践经验,在以下情况下,发包人可能否决承包商的索赔权:

(1)承包人没有在合同规定的期限内发出索赔通知书。每项工程的合同条款中一般都规定了提出索赔要求的期限,在规定的期限内不提出索赔通知书,其索赔要求可能会受到限制。监理人只同意承包人用同期记录可证实的索赔金额。

(2)承包人在索赔报告中引用的索赔理由不充分。承包人要以充分的事实和证据,并参照工程合同文件的具体条款,来论证自己的索赔权。如论证理由不充分,发包人可能否决该项索赔要求。

(3)承包人在没有取得合法指令的情况下,完成了合同以外的工程。根据承包施工的合同规定,凡是实施合同工程范围以外的工作时,都应由发包人正式授权的代表下达工程变更指令,或者有他正式确认的函件;否则,承包人可能失去完成这项额外工程的索赔权。

2)事态调查和索赔报告分析

索赔应基于事实基础之上,这个事实必须以实际现场情况和各种资料为证据。索赔报告中所描述的事实经过必须与所附证据相符合。

(1)分析索赔事项。对承包人索赔事项进行分析的目的,是从施工的实际情况出发,对发生的一系列变化对施工的影响,要根据承包人提出的索赔原因和论证资料,以及索赔事项发生时的政治、经济、社会和物价等情况,进行综合分析,计算出在正常、公正的条件下所引起的经济损失或工期延误。

(2)仔细分析索赔报告。监理人应对索赔报告仔细审核,包括合同根据、事实根据、证明材料、索赔计算、照片和图表等,在此基础上提出明确的意见或决定,正式通知承包人。

(3)协调讨论解决。监理人在上述工作基础上应通过不断地与发包人和承包人的联系、协商、讨论,及早澄清一些误解和不全面的结论,因为双方都有可能存在不完全理解的观点和看法,这样可以避免和减少今后出现更多的误解或引起争议。

在大多数情况下,监理人通过与发包人及承包人双方的积极联系和认真讨论,可以将索赔处理得使每一方都比较满意,各方一般情况下都愿意尽可能早地解决索赔和争议,以免进行既耗时又耗费资金的仲裁和诉讼。

(八)投资控制偏差

1.投资偏差的概念

在投资控制中,投资的实际值与计划值的差异叫投资偏差,即

$$投资偏差 = 已完工程实际投资 - 已完工程计划投资 \quad (2\text{-}2)$$

结果为正,表示投资超支;结果为负,表示投资节约。

以时间表示的进度偏差为

$$进度偏差 = 已完工程实际时间 - 已完工程计划时间 \tag{2-3}$$

为了与投资偏差联系起来，进度偏差也可表示为

$$进度偏差 = 拟完工程计划投资 - 已完工程计划投资 \tag{2-4}$$

所谓拟完工程计划投资，是指根据进度计划安排在某一确定时间内所应完成的工程内容的计划投资，即

$$拟完工程计划投资 = 拟完工程量(计划工程量) \times 计划单价 \tag{2-5}$$

在工程建设中为了对投资进行控制，常运用以下投资偏差的概念。

1）局部偏差和累积偏差

所谓局部偏差，有两层含义：一是对于整个项目而言，指各单项工程、单位工程及分部工程的投资偏差；二是对于整个项目已经实施的时间而言，是指每一控制周期所发生的投资偏差。累积偏差是一个动态的概念，其数值总是与具体的时间联系在一起的，第一个累积偏差在数值上等于局部偏差，最终的累积偏差就是整个项目的投资偏差。

局部偏差的引入，可使项目投资管理人员清楚地了解偏差发生的时间、所在的单项工程，这有利于分析其发生的原因。而累积偏差所涉及的工程内容较多、范围较大，且原因也较复杂，因而累积偏差分析必须以局部偏差为基础。另外，因为累积偏差分析是建立在对局部偏差进行综合分析的基础上的，所以其结果具有代表性和规律性，对投资控制工作在较大范围内具有指导作用。

2）绝对偏差和相对偏差

绝对偏差是指投资实际值与计划值比较所得到的差额。绝对偏差的结果很直观，有助于投资管理人员了解项目投资出现偏差的绝对数额，并以此采取一定措施，制订或调整投资支付计划和资金筹措计划。但是，绝对偏差有其不容忽视的局限性。例如，同样是1万元的投资偏差，对于总投资1 000万元的项目和总投资10万元的项目而言，其严重性显然是不同的，因此又引入相对偏差这一参数，其表达式为

$$相对偏差 = \frac{绝对偏差}{投资计划值} = \frac{投资实际值 - 投资计划值}{投资计划值} \tag{2-6}$$

与绝对偏差一样，相对偏差可正可负，且两者同号。正值表示投资超支，负值表示投资节约。两者都只涉及投资的计划值和实际值，既不受项目层次的限制，也不受项目实施时间的限制，因而在各种投资比较中均可采用。

3）偏差程度

偏差程度是指投资实际值对计划值的偏离程度。其表达式为

$$投资偏差程度 = \frac{投资实际值}{投资计划值} \tag{2-7}$$

偏差程度可参照局部偏差和累积偏差分为局部偏差程度和累积偏差程度。应注意的是，累积偏差程度并不等于局部偏差程度的简单相加。以月为一控制周期时，则

$$投资局部偏差程度 = \frac{当月投资实际值}{当月投资计划值} \tag{2-8}$$

$$投资累积偏差程度 = \frac{累积投资实际值}{累积投资计划值} \tag{2-9}$$

将偏差程度与进度结合起来，引入进度偏差程度的概念，则

$$进度偏差程度 = \frac{已完工程实际时间}{已完工程计划时间} \tag{2-10}$$

或

$$进度偏差程度 = \frac{拟完工程计划投资}{已完工程计划投资} \tag{2-11}$$

2. 偏差分析的方法

偏差分析可采用不同的方法,常用的有横道图法、表格法和曲线法。

1)横道图法

用横道图法进行投资偏差分析,是用不同的横道标识已完工程计划投资、拟完工程计划投资和已完工程实际投资,横道的长度与其金额成正比。横道图法具有形象、直观、一目了然等优点,它能够准确表达出投资的绝对偏差,而且能一眼感受到偏差的严重性。但是,这种方法反映的信息量少,一般在项目的较高管理层应用。

2)表格法

表格法是进行偏差分析最常用的一种方法。它将项目编号、名称、各投资参数及投资偏差数综合归纳入一张表格中,并且直接在表格中进行比较。由于各偏差参数都在表中列出,使得投资管理者能够综合地了解并处理这些数据。用表格法进行偏差分析具有如下优点:灵活、适用性强,可根据实际需要设计表格,进行项目增减项;信息量大,可以反映偏差分析所需的资料,从而有利于投资控制人员及时采取针对性措施,加强控制;表格处理可借助于计算机,从而节约大量数据处理所需的人力,并大大提高速度。

3)曲线法

曲线法是用投资累积曲线(S形曲线)来进行投资偏差分析的一种方法,如图2-7所示。在用曲线法进行投资偏差分析时,首先要确定投资计划值曲线。投资计划值曲线是与工程进度计划联系在一起的。同时,也应考虑实际进度的影响,引入三条投资参数曲线,即已完工程实际投资曲线 a、已完工程计划投资曲线 b 和拟完工程计划投资曲线 p,如图2-8所示。图中曲线 a 与曲线 b 的竖向距离表示投资偏差,曲线 b 与曲线 p 的水平距离表示进度偏差。

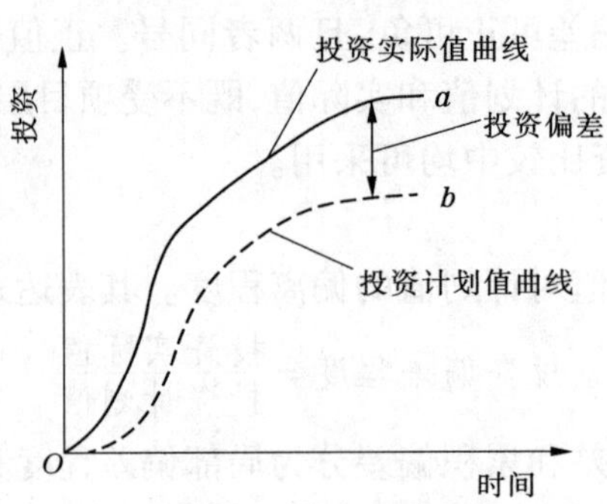

图2-7 投资计划值与实际值曲线

图2-8反映的偏差为累积偏差。用曲线法进行偏差分析同样具有形象、直观的特点,但这种方法很难直接用于定量分析,只能对定量分析起一定的指导作用。

3. 偏差原因分析

偏差分析的一个重要目的就是要找出引起偏差的原因,从而有可能采取有针对性的

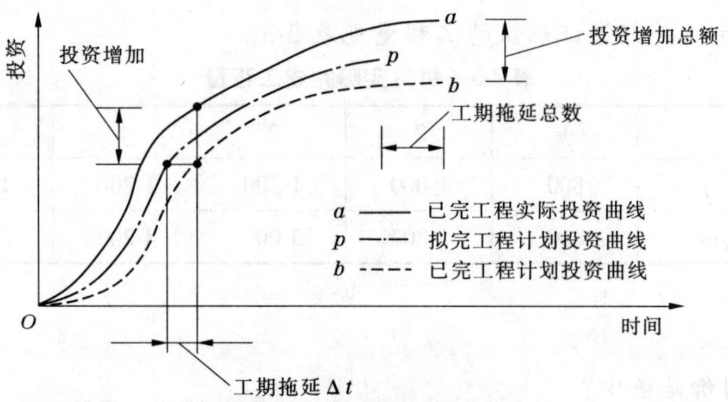

图 2-8　三条投资参数曲线

措施,减少或避免相同原因的再次发生。在进行偏差原因分析时,首先应将已经导致和可能导致偏差的原因逐一列举出来。导致不同工程项目产生偏差的原因有一定共性,因而可以通过对已建项目的投资偏差原因进行归纳、总结,为该项目采取预防措施提供依据。

一般来说,产生投资偏差的原因主要包括物价上涨原因、设计原因、发包人原因、施工原因及其他客观原因(如自然因素、社会法律法规变化等)。

4. 纠偏

对偏差原因进行分析的目的是有针对性地采取纠偏措施,从而实现投资的动态控制和主动控制。

纠偏首先要确定纠偏的对象,如上面介绍的偏差原因,有些是无法避免和控制的,如客观原因。充其量只能对其中少数原因做到防患于未然,力求减少该原因所产生的经济损失。对于施工原因所导致的经济损失,通常是由承包人自己承担的,从投资控制的角度只能加强合同的管理,避免被承包人索赔。所以,这些偏差原因都不是纠偏的主要对象。纠偏的主要对象是发包人原因和设计原因造成的投资偏差。在确定了纠偏的主要对象之后,就需要采取有针对性的纠偏措施。纠偏可采取经济措施、技术措施和合同措施等。

【请你完成】

1. 施工阶段影响投资控制的主要因素有哪几种?

2. 工程计量方法有哪几种?

3. 工程变更的原因和处理原则是什么?

4. 背景材料:某土方工程项目,发包人与某施工单位签订了工程承包合同,估算工程量子项甲为 5 300 m^3,合同工期 6 个月。合同单价甲项为 180 元/m^3,建设工程施工合同有以下规定:

(1)开工前发包人应向施工单位支付合同价 20% 的预付款。

(2)发包人自第 1 个月起,从施工单位的工程款中按 5% 的比例扣留保留金。

(3)当累积实际完成的工程量超过(或低于)估算工程量的 10% 时,可进行调价,调整系数为 0.9(或 1.1)。

(4)监理人签发月度付款最低金额为 15 万元人民币。

(5)预付款从乙方获得累积工程款在超过估算合同价的 30% 以后的下一月起,至第

5个月均匀扣除。

承包人每月完成并经签证确认的工程量见表2-3。

表2-3 每月实际完成工程量

月份	1	2	3	4	5	6
完成工程量(m^3)	800	1 000	1 200	1 200	1 200	500
累积完成工程量(m^3)	800	1 800	3 000	4 200	5 400	5 900

问题:

(1)估算合同价是多少?

(2)工程预付款是多少?

(3)请计算每月工程量价款为多少?监理人应签证的工程款是多少?实际签发的付款凭证金额是多少?

任务三 水利工程建设进度控制

【请你思考】

作为一名监理人员,为了对工程项目的施工进度进行有效地控制,必须在施工进度计划实施之前对影响工程项目工程进度的因素进行分析,进而提出保证施工进度计划完成的措施,以实现对工程项目施工进度的主动控制。请思考一下哪些因素会对工程进度产生影响?

【请你参考】

一、进度控制概述

(一)基本概念

工程建设的进度控制是指在工程项目各建设阶段编制进度计划,将该计划付诸实施,在实施的过程中经常检查实际进度是否按计划要求进行,如有偏差则分析产生偏差的原因,采取补救措施或调整、修改原计划,直至工程竣工,交付使用。

进度控制、质量控制、投资控制是工程项目建设监理"三大控制"目标。它们之间有着相互依赖、相互制约的关系。进度控制是实现工程工期目标的基本保证。工程进度的失控,必然导致人力、物力的浪费,甚至可能影响工程质量和安全。拖延工期后赶进度,不仅使工程的直接建设费用增加,工程质量也易出现问题。在关键时刻(如截流、下闸蓄水)赶不上工期,错过有利的施工时机,将会带来重大的损失。

工程项目的进度,受许多因素的影响,建设者需事先对影响进度的各种因素进行调查,预测它们对进度可能产生的影响,编制科学合理的进度计划,指导建设工作按计划进行。然后根据动态控制原理,不断进行检查,将实际情况与计划安排进行对比,找出偏离计划的原因,特别是找出主要原因,采取相应的措施,对进度进行调整或修正,再按新的计划实施,这样不断地计划、执行、检查、分析、调整计划的动态循环过程,就是进度控制。

建设工程进度控制的最终目的是确保建设项目按预定的时间动用或提前交付使用，建设工程进度控制的总目标是建设工期。

（二）影响进度的因素

由于建设项目具有庞大、复杂、周期长、相关单位多等特点，因而影响进度的因素也很多。从产生的根源看，有来源于建设单位及上级机构的，有来源于设计、施工及供货单位的，有来源于政府、建设部门、有关协作单位和社会的，也有来源于监理单位本身的。归纳起来，这些因素包括以下几方面：

（1）人的干扰因素。如建设单位因使用要求改变而提出的设计变更；建设单位应提供的场地条件不及时或不能满足工程需要；勘察资料不准确，特别是地质资料错误或遗漏而引起的不能预料的技术障碍；设计、施工中采用不成熟的工艺或技术方案失当；图纸供应不及时、不配套或出现差错；计划不周，导致停工待料和相关作业脱节，工程无法正常进行；建设单位越过监理职权进行干涉，造成指挥混乱等。

（2）材料、机具、设备干扰因素。如材料、构配件、机具、设备供应环节的差错，品种、规格、数量、时间不能满足工程的需要等。

（3）地基干扰因素。如受地下埋藏文物的保护、处理的影响。

（4）资金干扰因素。如建设单位资金方面的问题，未及时向承包单位或供应商拨款等。

（5）环境干扰因素。如交通运输受阻，水、电供应不具备，外单位临近工程施工干扰，节假日交通、市容整顿的限制；向有关部门提出各种申请审批手续的延误；安全、质量事故的调查、分析、处理及争端的调解、仲裁；恶劣天气、地震、临时停水停电、交通中断、社会动乱等。

受以上因素影响，工程会产生延误。工程延误归纳为两大类：一类是指由于承包单位自身的原因造成的工期延长，其一切损失由承包单位自己承担，同时建设单位还有权对承包单位施行违约误期罚款；另一类是指由于承包单位以外的原因造成的工期延长，经监理工程师批准的工程延误，所延长的时间属于合同工期的一部分，承包单位不仅有权要求延长工期，而且还有向建设单位提出赔偿的要求以弥补由此造成的额外损失。

监理工程师应对上述各种因素进行全面的预测和分析，公正地区分工程延误的两大类原因，合理地批准工程延长的时间，以便有效地进行进度控制。

（三）工程项目进度控制任务

进度控制是一项系统工作，是按照计划目标和组织系统，对项目各个部分的行为进行检查，以保证协调地完成总体目标。进度控制的主要任务如下：

（1）编制工程项目建设监理工作进度控制计划。

（2）审查承包单位提交的进度计划。

（3）检查并掌握工程实际进度情况。

（4）把工程项目的实际进度与计划目标进行比较，分析计划提前或拖后的主要原因。

（5）决定应该采取的相应措施和补救方法。

（6）及时调整计划，使总目标得以实现。

（四）进度控制方法

工程项目进度控制方法主要是规划、控制和协调。规划就是指确定施工项目总进度控制目标及单项工程或单位工程进度控制目标。控制是指在项目实施的全过程中,分阶段对实际进度与计划进度进行比较,出现偏差及时采取措施调整。协调是指协调与项目进度有关的单位、部门和工作队(组)之间的工作节奏与进度关系。

(五)进度控制措施

施工项目进度控制采取的主要措施有组织措施、经济措施、技术措施、合同措施和信息管理措施等。

1. 组织措施

组织措施包括以下内容:

(1)建立项目的进度控制目标体系。

(2)健全项目管理的组织体系,在项目组织结构中应有专门的工作部门和符合进度控制岗位资格的专人负责进度控制工作。进度控制的主要工作环节包括进度目标的分析和论证、编制进度计划、定期跟踪进度计划的执行情况、采取纠偏措施及调整进度计划,这些工作任务和相应的管理职能应在项目管理组织设计的任务分工表和管理职能分工表中标示并落实。

(3)建立进度报告、进度信息沟通网络、进度计划审核、进度计划实施中的检查分析、图纸审查、工程变更和设计变更管理等制度。

(4)编制项目进度控制的工作流程,如确定项目进度计划系统的组成,确定各类进度计划的编制程序、审批程序和计划调整程序等。

(5)建立进度协调会议制度,进行有关进度控制会议的组织设计,明确会议的类型、各类会议的主持人及参加单位和人员、各类会议的召开时间和地点、各类会议文件的整理及分发和确认等。

2. 经济措施

经济措施是指实现进度计划的资金保证措施及可能的奖罚。常见的经济措施包括以下内容:

(1)编制资源需求计划(资源进度计划),包括资金需求计划和其他资源(人力资源和物力资源)需求计划,以反映工程实际各时段所需要的资源。通过资源需求的分析,从而可发现所编制的进度计划实现的可能性,若资源条件不具备,则应调整进度计划,同时考虑可能的资金总供应量、资金来源(自有资金和外来资金)及资金供应的时间。

(2)及时办理工程预付款及工程进度款支付手续。

(3)在工程预算中应考虑加快工程进度所需要的资金,其中包括为实现进度目标将要采取的经济激励措施所需要的费用,如对应急赶工给予优厚的赶工费用及对工期提前给予奖励等。

(4)对工程延误收取误期损失赔偿金。

3. 技术措施

技术措施主要是指切实可行的施工部署、施工方案及加快施工进度的技术方法。主要体现于规划、控制和协调。规划就是确定项目的总进度目标和分进度目标;控制就是在项目进展的全过程中,进行计划进度与实际进度的比较,发现偏离就及时采取措施进行纠正;协调就是协调参加单位之间的进度关系。

4. 合同措施

合同措施是指对分包单位签订分包合同或施工项目内部工作协议与施工项目进度目标应相互协调、吻合。分包合同的开始时间和竣工时间及持续时间应与施工项目进度计划相符。其主要包括以下内容：

(1)选择合理的承发包合同结构，以避免过多的合同交界面而影响工程的进展。

(2)加强合同管理和索赔管理，协调合同工期与进度计划的关系，保证合同中进度目标的实现；同时严格控制合同变更，尽量减少由于合同变更引起的工程拖延。

(3)分析影响工程进度的风险，并提出采取风险管理措施，以减少进度失控的风险量。

5. 信息管理措施

信息管理措施是指不断收集工程实施实际进度的有关信息并进行整理统计后与计划进度比较，定期向施工项目经理部、施工企业、业主方提供进度报告。

二、工程进度计划实施中的监测

工程项目实施过程中，影响进度的因素很多，因此在项目进度计划的执行过程中，必须采取系统的进度控制措施。为了进行进度控制，施工项目经理部计划职能管理人员应经常地、定期地跟踪检查施工实际进度，主要是收集施工项目进度信息，在一个确定的检查期末进行统计，以确定施工项目当期实际进度状况，将实际进度与计划进行对比分析。进度监测系统过程主要包括以下工作。

(一)进度计划执行中的跟踪检查

跟踪检查项目实际进度是项目进度控制的关键工作，其目的是收集实际进度信息。跟踪检查的时间和收集信息的质量，直接影响施工项目进度控制的质量和效果。监理工程师必须认真做好以下三方面的工作：

(1)及时收集进度报表资料。进度报表是反映实际进度的主要方式之一，承包单位要按照监理制度规定的时间、格式和报表内容填写进度报表。监理工程师根据进度报表数据了解工程实际进度。

(2)派监理人员常驻现场，检查进度计划的实际情况。监理人员常驻现场，可以加强进度监测工作，掌握实际进度的第一手资料，使其数据更准确。

(3)定期召开现场会议，便于监理工程师与执行单位有关人员面对面了解实际进度情况，同时也可以协调有关方面的进度。

进度检查的时间间隔与工程项目的类型、规模、监理的对象和有关条件等多方面因素有关。可视具体情况，每半月或每周进行一次。

(二)整理、统计和分析收集的数据

对施工项目跟踪检查获得的施工项目实际进度信息，要进行必要的整理，以施工项目结构分析较低层次的项目单元及工作包、施工进度计划中的各项工作为控制对象进行统计，形成与计划进度具有可比性的数据、相同的量纲和形象进度。一般可以按实物工程量、工作量、劳动消耗量、施工成本以及累积百分比整理和统计实际检查数据，以便与相应的计划完成量相对比。

(三)实际进度与计划进度的对比

将定期检查并整理的实际进度信息与项目计划进度信息进行比较，得出实际进度比计划进度拖后、超前还是相一致的结论。常用的比较方法有横道图比较法、S曲线比较法、香蕉曲线比较法、前锋线比较法和列表比较法等。通过比较得出实际进度与计划进度的对比结果。对比结果有三种情况：相一致、超前、拖后。

1. 横道图比较法

横道图比较法是指将在项目实施中检查实际进度收集的信息，经整理后直接用横道线并列标于原计划的横道线处，进行直观比较的方法，如图2-9所示。

工作序号	工作名称	工作时间	进度(周)														
			1	2	3	4	5	6	7	8	9	10	11	12	13	14	15
1	挖土1	2															
2	挖土2	6															
3	混凝土1	3															
4	混凝土2	3															
5	防潮处理	2															
6	回填土	2															

▲
检查日期

图2-9 某基础工程实际进度与计划进度比较图

(粗实线表示计划进度，阴影部分表示工程施工的实际进度)

该方法只适用于工作从开始到完成的整个过程中其进展速度是不变的，累积完成的任务量与时间成正比的情况。

横道图比较法具有的优点：①能明确地表示出各项工作的开始时间、结束时间和持续时间。②一目了然，易于理解，能够被各层次的人员(上至决策指挥者，下至基层操作人员)所掌握和运用。

横道图比较法具有的缺点：①不能明确地反映出各项工作之间的相互关系，在计划执行过程中，当某些工作的进度提前或拖延时，不便于分析其对其他工作及总工期的影响程度。②不能明确地反映出影响工期的关键工作和关键线路，不便于进度控制人员抓住主要矛盾。③不能反映出各项工作所具有的机动时间，因而不便于施工进度管理和资源调配。

2. S曲线比较法

S曲线比较法是以横坐标表示时间，纵坐标表示累积完成任务量，绘制一条按计划时间累积完成任务量的S曲线，然后将工程项目实施过程中各检查时间实际累积完成任务量的S曲线也绘制在同一坐标系中，进行实际进度与计划进度比较的一种方法。

S曲线比较法也是在图上进行工程项目实际进度与计划进度的直观比较。在工程项目实施过程中，按照规定时间将收集到的实际累积完成量绘制在原计划S曲线图上，即可得到实际进度 S 曲线，如图 2-10 所示。

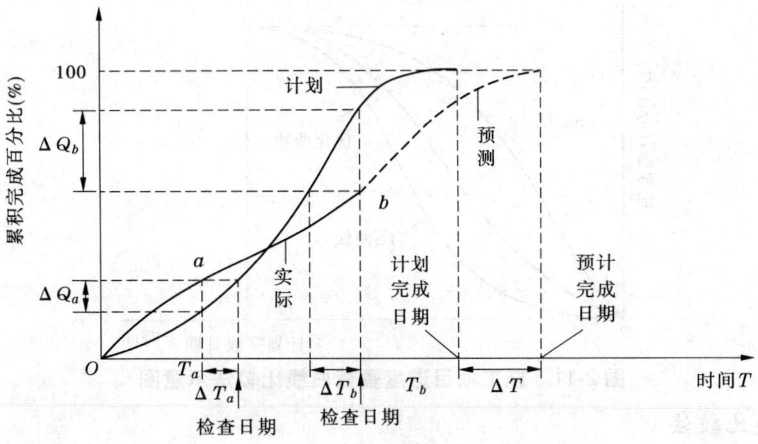

图 2-10 S 曲线比较法

通过比较实际进度 S 曲线和计划进度 S 曲线，可以获得如下信息：

(1)工程项目整体实际进展状况。如果工程实际进展点落在计划 S 曲线左侧，表明此时实际进度比计划进度超前，如图 2-10 中的 a 点；如果工程实际进展点落在计划 S 曲线右侧，表明此时实际进度拖后，如图 2-10 中的 b 点；如果工程实际进展点正好落在 S 曲线上，则表示此时实际进度与计划进度相一致。

(2)工程项目实际进度超前或拖后的时间。在 S 曲线比较图中可以直接读出实际进度比计划进度超前或拖后的时间。如图 2-10 所示，ΔT_a 表示 T_a 时刻实际进度超前的时间，ΔT_b 表示 T_b 时刻实际进度拖后的时间。

(3)工程实际超额或拖欠的任务量。在 S 曲线比较图中也可以直接读出实际进度比计划进度超额或拖欠的任务量。如图 2-10 所示，ΔQ_a 表示 T_a 时刻超额完成的任务量，ΔQ_b 表示 T_b 时刻拖欠的任务量。

(4)后期工程进度预测。如果后期工程按原计划速度进行，则可作出后期工程计划 S 曲线，如图 2-10 中 b 点后的虚曲线所示，从而可以确定工期拖延预侧值 ΔT。

3. 香蕉曲线比较法

香蕉曲线是由两条 S 曲线组合而成的闭合曲线。由 S 曲线比较法可知，工程累积完成的任务量与计划时间的关系，可以用一条 S 曲线表示。而对于一个工程项目的网络计划来说，如果以其中各项工作的最早开始时间安排进度而绘制 S 曲线，称为 ES 曲线；如果以其中各项工作的最迟开始时间安排进度而绘制 S 曲线，称为 LS 曲线。两条 S 曲线具有相同的起点和终点，因此两条曲线是闭合的。在一般情况下，ES 曲线上的其余各点均落在 LS 曲线相应点的左侧。由于该闭合曲线形似"香蕉"，故称为香蕉曲线，如图 2-11 所示。

香蕉曲线比较法能直观地反映工程项目的实际进展情况，并可以获得比 S 曲线更多的信息。其主要作用有：合理安排施工项目进度计划，定期比较施工项目的实际进度与计划进度，预测后期工程进展趋势。在项目的实施中进度控制的理想状况是任一时刻按实际进度描出的点，应落在该香蕉曲线的区域内。

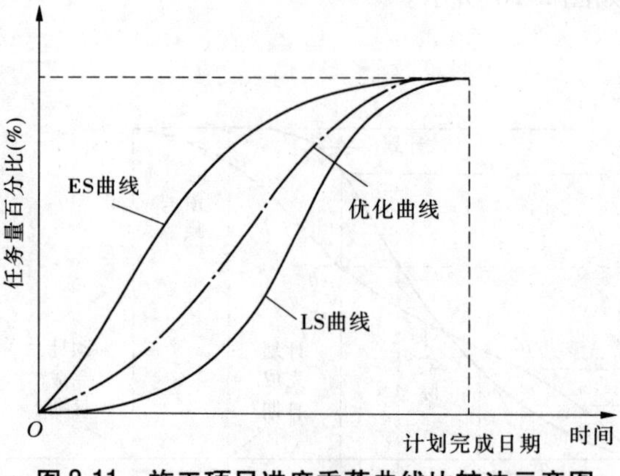

图 2-11　施工项目进度香蕉曲线比较法示意图

4. 前锋线比较法

前锋线比较法主要适用于时标网络计划。从检查时刻的时标点出发,将检查时刻正在进行工作的点都依次连接起来,组成一条一般为折线的前锋线。根据前锋线与箭线交点的位置判定工程实际进度与计划进度的偏差。对某项工作来说,其实际进度与计划进度之间的关系可能存在以下三种情况:

(1)工作实际进展点在检查日期左侧,表明该工作实际进度拖后,拖后时间为两者之差。

(2)工作实际进展点在检查日期右侧,表明该工作实际进度超前,超前时间为两者之差。

(3)工作实际进展点与检查日期重合,表明该工作实际进度与计划进度相一致。

图 2-12 为某工程施工项目进度前锋线比较法示意图。

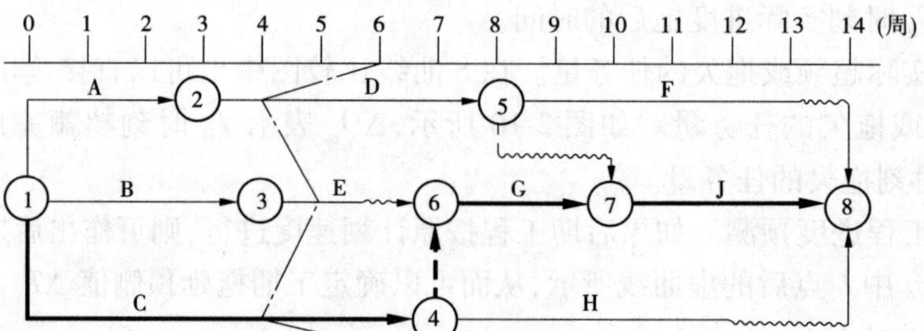

图 2-12　某工程施工项目进度前锋线比较法示意图

由图 2-12 可见,该计划执行到第 6 周末检查实际进度时,发现工作 A 和 B 已经全部完成,工作 D、E 分别完成计划任务量的 20% 和 50%,工作 C 尚需 3 周完成。图中点画线表示第 6 周末实际进度检查结果。

5. 列表比较法

列表比较法是记录检查时正在进行的工作名称和已进行的天数,然后列表计算有关时间参数,根据原有总时差和剩余总时差判断实际进度与计划进度的比较方法。

三、工程建设施工阶段进度控制

施工阶段是工程项目得以实施并形成建设产品的重要阶段。在此阶段,需要消耗大量的人力、财力和物力,加之水利工程建设本身的特点,如周期长,投资大,技术综合性强,受地形、地质、水文、气象和交通运输、社会经济等因素影响大等,加强计划管理更显得十分重要。在施工阶段,施工进度一旦拖延,要保证计划工期,后继工作就得赶工作业,这就意味着建设直接费用可能增加。进度拖延幅度越大,需要增加的费用将会越多。如果进度拖延导致工程工期拖延,不仅工程建设的直接费用增加,而且更为严重的是工程不能按期投产,将会给国民经济造成巨大损失。因此,施工阶段的进度控制是监理单位的重点工作之一。监理单位应以合同管理为中心,建立健全进度控制管理体系和规章制度,确定进度控制目标系统,严格审核承包人递交的进度计划。协调好建设有关各方的关系,监督资源按计划供应,加强信息管理,随时对进度计划的执行进行跟踪检查、分析和调整。处理好工程变更、工期索赔、施工暂停及工程验收等影响施工进度的重大合同问题,监督承包人按期或提前实现合同工期目标。

(一)监理人施工进度控制的内容与权限

1.监理人施工进度控制的内容

监理人进度控制工作可分为事前控制、事中控制和事后控制等环节。

1)事前控制

事前控制是指合同项目正式施工前所进行的进度控制,其具体内容如下:

(1)编制施工进度控制监理实施细则。

施工阶段进度控制监理实施细则,是监理机构在施工阶段对项目实施进度控制的一个具有可操作性的文件。其内容应主要包括:

①建立施工进度目标系统。

②施工进度控制的主要任务和管理部门机构设置与部门、人员职责分工。

③与进度控制有关的各项相关工作的时间安排,项目总的工作流程。

④施工阶段进度控制所采取的具体措施(包括进度检查日期、信息采集方式、进度报告形式、统计分析方法和信息流程等)。

⑤进度目标实现的风险分析。

(2)编制或审批施工总进度计划。

当采用多标发包形式施工时,为了项目总体施工进度的控制与工作协调,监理人可能需要制定施工总进度计划的编制要求,以便对各施工任务作出统一时间安排,使标与标之间的施工进度保持衔接关系,据此审批各承包人提交的施工进度计划。《水利工程施工监理规范》(SL 288—2014)规定,监理机构应在合同工程开工前依据施工合同约定的工期总目标、阶段性目标和发包人的控制性总进度计划,制定施工总进度计划的编制要求,并书面通知承包人。

按照合同审批各承包人提交的施工进度计划是监理机构进度控制的基本工作之一,经监理机构批准的进度计划称为合同性进度计划,是监理机构进度控制的重要依据。

(3)审批单位工程施工进度计划。

依据经批准的承包人总进度计划和工程进展情况,在单位工程开工前,监理人应审批承包人提交的单位工程进度计划,作为单位工程进度控制的基本依据。

(4)审批承包人提交的施工组织设计。

施工组织设计系统反映了承包人为履行合同所采取的施工方案、作业程序、组织机构与管理措施、资源投入、作业条件、质量与安全控制措施等,因此监理人应认真审核承包人的施工组织设计,以满足施工进度计划的要求。

(5)检查开工准备工作。

开工条件检查是监理人进度控制的基本环节之一。既包括检查发包人的施工准备,如施工图纸,应由发包人提供的场地、道路、水、电、通信及土料场等;又包括检查承包人的人员与组织机构、进场资源(尤其是施工设备)与资源计划及现场准备工作等。

2)事中控制

事中控制是指项目施工过程中进行的进度控制,这是施工进度计划能否付诸实现的关键环节。一旦发现实际进度与目标偏离,必须及时采取措施以纠正这种偏差。事中控制具体包括以下内容:

(1)跟踪监督检查现场施工情况,包括承包人的资源投入、资源状况、施工条件、施工方案、现场管理和施工进度等。

(2)监督检查工程设备和材料的供应。

(3)做好监理日志,收集、记录、统计分析现场进度信息资料,并将实际进度与计划进度进行比较。分析进度偏差将会带来的影响并进行工程进度预测,审批或研究进度改进措施。

(4)协调施工干扰与冲突,随时注意施工进度计划的关键控制节点的动态。

(5)审核承包人提交的进度统计分析资料和进度报告。

(6)定期向发包人汇报工程实际进展状况,按期提供必要的进度报告。

(7)组织定期和不定期的现场会议,及时分析、通报工程施工进度状况,并协调各承包人之间的生产活动。

(8)检查、核实组织向承包人提供按合同规定应由发包人提供的施工条件。

(9)处理好施工暂停、施工索赔等问题。

(10)预测、分析和防范重大事件对施工进度的影响。

3)事后控制

(1)及时组织验收工作。

(2)整理工程进度资料。施工过程中的工程进度资料一方面为发包人提供有用信息,另一方面也是处理施工索赔必不可少的资料,必须认真整理,妥善保存。

(3)工程进度资料的归类、编目和建档。施工任务完成后,这些工程进度资料将作为今后类似工程项目上施工阶段进度控制的重要参考资料,应将其编目和建档。

2. 监理人施工进度控制的合同权限

在发包人与监理人签订的监理委托合同中,明确规定了发包人授予监理人进行施工合同管理的权限,并在发包人与承包人签订的施工合同中予以明确,作为监理人进行施工合同管理的依据。

1)签发开工通知(或称进场通知)

开工通知(或进场通知)具有十分重要的合同效力,对合同项目开工日期的确定、开始施工具有重要作用。《水利工程施工监理规范》(SL 288—2014)规定如下:

(1)监理机构应经发包人同意后向承包人发出开工通知,开工通知中应载明开工日期。

(2)监理机构应协助发包人向承包人移交施工合同中约定的应由发包人提供的施工用地、道路、测量基准点及供水、供电、通信等。

(3)承包人完成合同工程开工准备后,应向监理机构提交合同工程开工申请表。监理机构在检查开工前发包人提供的施工条件、承包人的施工准备情况满足开工要求后,应批复承包人的合同工程开工申请。

(4)由于承包人原因使工程未能按期开工,监理机构应通知承包人按施工合同约定提交书面报告,说明延误开工原因及赶工措施。

(5)由于发包人原因使工程未能按期开工,监理机构在收到承包人提出的顺延工期要求后,应及时与发包人和承包人共同协商补救办法。

分部工程开工前,承包人应向监理机构报送分部工程开工申请表,经监理机构批准后方可开工。第一个单元工程应在分部工程开工批准后开工,后续单元工程凭监理工程师签认的上一单元工程施工质量合格文件方可开工。

2)审批施工进度计划

监理机构应在合同工程开工前依据施工合同约定的工期总目标、阶段性目标和发包人的控制性总进度计划,制定施工总进度计划的编制要求。

施工总进度计划审查应包括下列内容:

(1)是否符合监理机构提出的施工总进度计划编制要求。

(2)施工总进度计划与合同工期和阶段性目标的响应性与符合性。

(3)施工总进度计划中有无项目内容漏项或重复的情况。

(4)施工总进度计划中各项目之间逻辑关系的正确性与施工方案的可行性。

(5)施工总进度计划中关键路线安排的合理性。

(6)人员、施工设备等资源配置计划和施工强度的合理性。

(7)原材料、中间产品和工程设备供应计划与施工总进度计划的协调性。

(8)本合同工程施工与其他合同工程施工之间的协调性。

(9)用图计划、用地计划等的合理性,以及与发包人提供条件的协调性。

(10)其他应审查的内容。

分阶段、分项目施工进度计划控制应符合下列规定:

(1)监理机构应要求承包人依据施工合同约定和批准的施工总进度计划,分年度编制年度施工进度计划,报监理机构审批。

(2)根据进度控制需要,监理机构可要求承包人编制季、月施工进度计划,以及单位工程或分部工程施工进度计划,报监理机构审批。

3)审批施工组织设计和施工措施计划

承包人应按合同规定的内容和时间要求,编制施工组织设计、施工措施计划和由承包人负责的施工图纸,报送监理人审批,并对现场作业和施工方法的完备与可靠负全部责任。

审批施工组织设计时除按合同要求进行技术审查和商务审查外,还要按照《建设工程安全生产管理条例》和《水利工程建设安全生产管理规定》审查安全技术措施和施工现场临时用电方案是否符合《工程建设标准强制性条文(水利工程部分)》,并提出明确意见。

4)劳动力、材料、设备使用监督权和分包单位审核权

监理人有权深入施工现场监督检查承包人的劳动力、施工机械及材料等使用情况,并要求承包人做好施工日志,并在进度报告中反映劳动力、施工机械及材料等使用情况。

对承包人提出的分包项目和分包人,监理人应严格审核,提出建议,报发包人批准。

5)施工进度的监督权

不论何种原因发生工程的实际进度与合同进度计划不符,承包人均应在14天内向监理人提交修订合同进度计划的申请报告,并附有关措施和相关资料,报监理人审批。监理人应在收到申请报告后的14天内批复。

不论何种原因造成施工进度计划拖后,承包人均应按监理人的指示,采取有效措施赶上进度。承包人应在向监理人报送修订进度计划的同时,编制一份赶工措施报告报送监理人审批,赶工措施应以保证工程按期完工为前提调整和修改进度计划。

6)下达施工暂停指示或复工通知

监理人认为有必要时,可向承包人发布暂停工程或部分工程施工的指示,承包人应按指示的要求立即暂停施工。不论由于何种原因引起的暂停施工,承包人都应在暂停施工期间负责妥善保护工程和提供安全保障。

工程暂停施工后,监理人应与发包人和承包人协商采取有效措施积极消除停工因素的影响。当工程具备复工条件时,监理人应立即向承包人发出复工通知,承包人收到复工通知后,应在监理人指定的期限内复工。

7)施工进度协调权

监理人在认为必要时,有权发出命令协调施工进度,这些情况一般包括各承包人之间的作业干扰、场地与设施交叉、资源供给与现场施工进度不一致、进度拖延等。但是,这种进度的协调在影响工期改变的情况下,应事先得到发包人同意。

8)工期索赔的核定权

对于承包人提出的工期索赔,监理人有权组织核定,如核实索赔事件、审定索赔依据、审查索赔计算与证据材料等。监理人在从事上述工作时,应作为公正的、独立的第三方开展工作,而不是仲裁人。

9)建议撤换承包人工作人员或更换施工设备

承包人应对其项目经理和其他人员进行有效的管理,使其能做到尽职尽责。监理人有权要求撤换那些不能胜任本职工作或行为不端或玩忽职守的任何人员,承包人应及时予以撤换。

监理人一旦发现承包人使用的施工设备影响工程进度或质量,有权要求承包人增加或更换施工设备,承包人应及时增加或更换,由此增加的费用和工期延误责任由承包人承担。

10)完工日期确定

监理人收到承包人提交的完工验收申请报告后,应审核其报告的各项内容,并按以下

不同情况进行处理：

(1)监理人审核后发现工程尚有重大缺陷时，可拒绝或推迟进行完工验收，但监理人应在收到完工验收申请报告后的28天内通知承包人，指出完工验收前应完成的工程缺陷修复和其他的工作内容与要求，并将完工验收申请报告同时退还给承包人。承包人应在具备完工验收条件后重新申报。

(2)监理人审核后对上述报告及报告中所列的工作项目和工作内容持有异议时，应在收到报告后的28天内将意见通知承包人，承包人应在收到上述通知后的28天内重新提交修改后的完工验收申请报告，直至监理人同意为止。

(3)监理人审核后认为工程已具备完工验收条件，应在收到完工验收申请报告后的28天内提请发包人进行工程验收。发包人应在收到完工验收申请报告后的56天内签署工程移交证书，颁发给承包人。

(4)在签署移交证书前，应由监理人与发包人和承包人协商核定工程的实际完工日期，并在移交证书中写明。

(二)施工进度控制的措施

监理人监督现场施工进度，是一项经常性的工作。在施工进度检查、监督中，监理人如果发现实际进度较计划进度拖延，一方面应分析这种偏差对工程后续进度及工程工期的影响，另一方面应分析造成进度拖延的原因。若工期拖延属于发包人责任或风险，则应在保留承包人工期索赔权力的情况下，经发包人同意，作出以下正确处理：批准工程延期或发出加速施工指令，同时商定由此给承包人造成的费用补偿。若工期拖延属于承包人自己的责任或风险造成的进度拖延，则监理人可视拖延程度及其影响，发出相应的赶工指令，要求承包人加快施工进度，必要时应调整其施工进度计划，直到监理人满意为止。

1.施工进度的监督、检查、记录

进度控制是一个动态过程，在施工过程中影响进度的因素很多。因此，监理人应对施工进度实施的全过程跟踪监督、检查。

1)施工进度监督、检查的日常监理工作

(1)现场监理人员每天应对承包人的施工活动安排、人员、材料、施工设备等进行监督、检查，促使承包人按照批准的施工方案、作业安排组织施工，检查实际完成进度情况，并填写施工进度现场记录。

(2)对比分析实际进度与计划进度的偏差，分析工作效率现状及其潜力，预测后期施工进展。特别是对关键线路，应重点做好进度的监督、检查、分析和预控。

(3)要求承包人做好现场施工记录，并按周、月提交相应的进度报告，特别是对于工期延误或可能的工期延误，应分析原因，提出解决对策。

(4)督促承包人按照合同规定的总工期目标和进度计划，合理安排施工强度，加强施工资源供应管理，做到按章作业、均衡施工、文明施工，尽量避免出现突击抢工、赶工局面。

(5)督促承包人建立施工进度管理体系，做好生产调度、施工进度安排与调整等各项工作，并加强质量、安全管理，切实做到"以质量促进度、以安全促进度"。

(6)通过对施工进度的跟踪检查，及早预见、发现并协调解决影响施工进度的干扰因素，尽量避免因承包人之间作业干扰、图纸供应延误、施工场地提供延误、设备供应延误等对施工进度的干扰与影响。

2)施工进度的例会监督检查

结合现场监理例会(如周例会、月例会),要求承包人对上次例会以来的施工进度计划完成情况进行汇报,对进度延误说明原因;依据承包人的汇报和监理人掌握的现场情况,对存在的问题进行分析,并要求承包人提出合理、可行的赶工措施方案,经监理人同意后落实到后续阶段的进度计划中。

2.关键线路的控制

在进度计划实施过程中,控制关键线路的进度,是保证工程按期完成的关键。因此,监理人应从施工方案、作业程序、资源投入、外部条件、工作效率等全方位,督促承包人加强关键线路的进度控制。

(1)加强监督、检查、预控管理。对每一标段的关键线路作业,监理人应逐日、逐周、逐月检查施工准备、施工条件和工程进度计划的实施情况,及时发现问题,研究赶工措施,抓住有利赶工时机,及时纠正进度偏差。例如,在某工程隧洞施工中,施工支洞至出口段为本标段的关键线路,按照当时的进展情况,工期延误可能性较大。监理人根据现场情况和经验,认为先浇筑隧洞底板,改善洞内交通条件,有利于加快进度。承包人依据监理人的建议及时调整了作业计划,使工程按期完工。又如,在某工程隧洞衬砌施工中,经过监理人的测算,认为承包人投入的模板数量不足,采用的散模作业时间较长,不能满足工期要求。监理人及时提出建议,承包人采取了增加模板数量以增加工作面,使用混凝土外加剂缩短工艺间歇时间,散模改为整体钢模台车等措施,保证了工程按期完工。

(2)研究、建议采用新技术。当工程工期延误较严重时,采用新技术、新工艺,是加快施工进度的有效措施。对这一问题,监理人应抓住时机,深入开展调查研究,仔细分析问题的严重性与对策。对于承包人原因造成的延误,应督促承包人及时提出相应措施方案;对于发包人原因造成的进度延误,监理人应协助发包人研究,比较相应的措施方案,对由于采用新技术引起的承包人的成本增加,应尽快与发包人、承包人协商解决,避免这一问题长期悬而未决,影响承包人的工作积极性,造成工程进度的进一步延误。

3.逐月、逐季施工进度计划的审批及其资源核查

根据合同规定,承包人应按照监理人要求的格式、详细程度、方式、时间,向监理人逐月、逐季递交施工进度计划,以得到监理人的同意。监理人审批月、季施工进度计划的目的,是看其是否满足合同工期和总进度计划的要求。如果承包人计划完成的工程量或工程面貌满足不了合同工期和总进度计划的要求(包括防洪度汛、向后续承包人移交工作面、河床截流、下闸蓄水、工程竣工、机组试运行等),则应要求承包人采取措施,如增加计划完成工程量、加大施工强度、加强管理、改变施工工艺、增加设备等。同时,监理人还应审批施工进度计划对施工质量和施工安全的保证程度。

一般来说,监理人在审批月、季进度计划中应注意以下几点:

(1)首先应了解承包人上个计划期完成的工程量和形象面貌情况。

(2)分析承包人所提供的施工进度计划(包括季、月)是否能满足合同工期和施工总进度计划的要求。

(3)为完成计划所采取的措施是否得当,施工设备、人力能否满足要求,施工管理上

有无问题。

(4)核实承包人的材料供应计划与库存材料数量,分析是否满足施工进度计划的要求。

(5)施工进度计划中所需的施工场地、通道是否能够保证。

(6)施工图供应计划是否与进度计划协调。

(7)工程设备供应计划是否与进度计划协调。

(8)该承包人的施工进度计划与其他承包人的施工进度计划有无相互干扰。

(9)为完成施工进度计划所采取的方案对施工质量、施工安全和环保有无影响。

(10)计划内容、计划中采用的数据有无错漏之处。

4. 防范重大自然灾害对工期的影响

在水利工程施工中,经常遇到超标准洪水、异常暴雨、台风等恶劣自然灾害。因此,监理人应根据当地的自然灾害情况,指示承包人提前做好防范预案,尽量做到早预测、早准备、有措施。一方面,应抓住有利时机加快施工进度;另一方面,为防范和规避自然灾害可能对工期的重大影响做好充分准备。

【请你完成】

1. 试述监理人进度控制的主要合同权限。
2. 建设工程施工阶段目标控制的主要任务是什么?
3. 简述施工进度控制的措施。
4. 监理人审批工程延期时应遵循什么原则?
5. 施工进度检查的主要方式有哪些?
6. 简述进度计划检查的内容。

项目三 工程建设合同、信息与安全管理

任务一 水利工程建设合同管理

【请你思考】

生活中的口头约定也是合同的一种形式,你可能无形中接触并参与过合同。请再进一步想一想,在工程建设过程中采用口头形式的合同合适吗?

【请你参考】

一、合同基本知识

(一)合同的概念

1999年3月15日第九届全国人民代表大会第二次会议通过的《中华人民共和国合同法》(简称《合同法》)对合同作了如下定义:合同是平等主体的自然人、法人、其他组织之间设立、变更、终止民事权利义务关系的协议。合同在内容上应是关于财产关系即民事债权和债务关系的协议。

(二)合同的形式

合同形式是当事人意思表示一致的外在表现形式。一般认为,合同形式可分为书面形式、口头形式和其他形式。口头形式是以口头语言形式表现合同内容的合同。书面形式是指合同书、信件和数据电文(包括电报、电传、传真、电子数据交换和电子邮件)等可以有形地表现所载内容的形式。其他内容有公证、鉴证、批准、登记等形式。法律、行政法规规定应当采用书面形式或者当事人约定采用书面形式的,应当采用书面形式。

(三)合同的主要条款

《合同法》规定:合同的内容由当事人约定,一般应包括以下条款:当事人的名称或者姓名和住所、标的、数量、质量、价款或者报酬、履行期限、地点和方式、违约责任、解决争议的方法。

1.当事人的名称或者姓名和住所

合同主体可以是自然人、法人、其他组织。明确合同主体,对了解合同当事人的基本情况、合同履行和确定诉讼管辖具有重要意义。自然人的姓名是指经户籍登记管理机关登记的正式用名。法人,是指具有民事权利能力和民事行为能力,并依法享有民事权利和承担民事义务的组织。企业、机关、事业单位、社会团体等组织,只要符合法定条件都可成为法人。

法人的本质是法律对一个社会组织的人格化,它是相对于自然人而言的。法人成立的必备条件有四个:依法成立,有独立支配的财产和经费,有自己的名称、组织机构和场

所，能够独立承担民事责任。

2. 标的

标的是合同当事人双方权利和义务共同指向的对象。标的的表现形式为物、劳务、行为、智力成果、工程项目等。没有标的的合同是空的，标的不明确的合同无法履行，合同也不成立。

3. 数量

数量是衡量合同标的多少的尺度，以数字和计量单位来表示。

4. 质量

质量是标的的内在品质和外观形态的综合指标。签订合同时必须明确质量标准。对于强制性标准，当事人必须执行，合同约定标准不得低于相关强制性标准。

5. 价款或者报酬

价款或者报酬是当事人一方向交付标的的另一方支付的货币。合同条款中应写明有关银行结算和支付方法。

6. 履行期限、地点和方式

履行期限是当事人各方按照合同规定全面完成各自义务的时间。履行地点是当事人交付标的和支付价款或酬金的地点。

7. 违约责任

违约责任是任何一方当事人不履行或者不适当履行合同规定的义务而应当承担的法律责任。可以约定一方违约向另一方支付违约金的数额，或者违约金的计算方法。

8. 解决争议的方法

在合同履行过程中难免出现争议，应在合同中约定解决争议的办法；如果当事人希望通过仲裁作为解决争议的最终方式，必须在合同中约定仲裁条款。

（四）合同订立

1. 合同订立的基本原则

当事人之间订立合同是产生一定社会后果的法律行为，为保证合同的有效性，在合同的订立过程中应遵守以下基本原则。

1）合法原则

合法原则即订立合同时，必须遵守法律和行政法规，服从法律、法规的规定和要求。合法原则的内容如下：

（1）合同当事人的主体资格要合法。

（2）合同的内容必须合法、真实。

（3）代理要合法。

（4）程序和形式要合法。

2）平等、自愿原则

平等、自愿原则是《合同法》很重要的原则，合同当事人通过协商，自愿确立和调整相互间的权利关系。

3）公平、诚实信用原则

在订立合同过程中，应遵循平等互利、协商一致的原则，满足地位平等、权利平等、意志平等的要求。当事人有订立或不订立合同的自由。诚信原则是指合同双方当事人在签订合同过程中是诚实可靠、恪守信用的。

2. 合同的订立过程

在法律程序上,把订立合同的全过程划分为要约与承诺两个阶段。要约与承诺属于法律行为,当事人双方一旦做出相应的意思表示,就要受到法律的约束,否则必须承担法律责任。

1)要约

要约是指合同当事人一方向另一方提出订立合同的要求,提出要约方叫要约人,接受方称被要约人。要约是希望和他人订立合同的意思表示,该意思表示应当符合下列规定:

(1)表明经受要约人承诺,要约人即受该意思表示约束。

(2)内容具体确定,且限定在一定的期限内作出承诺的意思表示。

(3)要约是一种法律行为。它表现在要约规定的有效期限内,要约人要受到要约的约束。

2)承诺

承诺是指合同当事人一方对另一方发来的要约,在要约有效期限内,作出完全同意要约条款的意思表示。

承诺也是一种法律行为。承诺必须是要约的相对人在要约有效期限内以明示的方法作出,并送达要约人;承诺必须是承诺人作出完全同意要约的条款,方为有效。

(五)合同的有效性和合同的撤销

1. 合同生效

合同生效是指合同对双方当事人的法律约束力的开始。合同生效的条件如下:

(1)当事人具有相应的民事权利能力和民事行为能力。

(2)意思表示真实。

(3)不违反法律和社会公共利益。

2. 无效合同

《合同法》规定,有下列情形之一的,合同无效。

(1)一方以欺诈、胁迫的手段订立合同,损害国家利益。

(2)恶意串通,损害国家、集体或者第三者利益。

(3)以合法形式掩盖非法目的。

(4)损害社会公共利益。

(5)违反法律、行政法规的强制性规定。

合同无效确认权归人民法院或者仲裁机构,合同当事人或其他任何机构均无权认定合同无效。

3. 可以变更或撤销的合同条件

《合同法》规定,有下列条件的合同,当事人一方有权请求人民法院或者仲裁机构变更或者撤销:

(1)因重大误解订立的合同。

(2)在订立合同时显失公平的。

一方以欺诈、胁迫的手段或者乘人之危,使对方在违背真实意思的情况下订立的合同,受损害方有权请求人民法院或者仲裁机构变更或者撤销。当事人请求变更的,人民法院或者仲裁机构不得撤销。

(六)合同担保

合同担保是合同当事人为了使合同能够得到全面按约履行,根据《中华人民共和国担保法》和相关行政法规的规定,经协商一致而采取的一种具有法律效力的保护措施。担保的方式有保证、抵押、质押、留置或定金。施工合同、监理合同通常采用保证的担保形式,也有采用定金担保形式的。保证担保形式是指保证人和债权人约定,当被保证人不履行义务时,保证人按约定代其履行义务或承担赔偿责任的担保行为。保证的形式有企业法人出具的担保"保证书"或银行出具的担保"保函"。

二、水利工程监理合同的管理

监理合同的标的是"监理服务",因此招标人选择中标人的基本原则是"基于能力的原则"。监理服务是监理单位的高智能投入,服务工作完成的好坏不仅依赖于执行监理业务是否遵循了规范化管理程序,更多取决于参与监理工作人员的业务专长、经验、判断能力和创新想象能力,因此招标选择监理单位,鼓励能力竞争,而不是价格竞争。

监理业务的范围,可以是项目前期立项咨询、设计阶段、实施阶段、保修阶段的全部监理工作或某一阶段的监理工作。目前,我国实施施工阶段监理较普遍。施工阶段监理工作可包括:协助发包人选择承包人,组织设计、施工、设备采购等;技术监督和检查;施工管理等。

监理合同是工程发包人将项目建设过程中与第三方所签订的合同中履行的管理任务,以合同形式委托监理人负责监督、协调、管理的合同。监理合同属《合同法》规定的委托合同范畴。监理人接受委托在合同授权范围内代表委托人,对委托人与第三方所签订合同履行过程中的工程质量、工期和进度、建设资金使用等方面执行监理工作。

监理单位获得监理业务的方式有通过竞争或发包人直接委托两种方式。

(一)监理合同的特点

1. 服务型合同

监理人受聘于委托人,为其与其他人签订的工程合同履行负责监督、管理、协调和服务。监理人凭借自己的知识、经验和技能在项目实施过程中为委托人服务。

2. 非承包性合同

首先,监理人不向委托人承包工程造价;其次,监理合同履行期限与其他合同履行直接相关,如非监理人的责任造成工程延期或延误,监理合同的期限也将顺延,在合同约定的有效期内,如果所监理工程因非监理人原因不能顺利完成,监理人不仅不对委托人承担赔偿工程延误损失责任,而且有权要求委托人对相应展延合同期内的服务工作给予额外的酬金补偿;最后,对工程质量缺陷,监理人不负直接责任,监理人仅负责质量的控制和检验,保质保量按期完成工程是其他合同承包实施者的义务。

3. 非经营性合同

工程建设涉及的合同大部分都是经营性合同,即承包者履行合同以赢利为目的,一方面合同承包价格内含有合理的预期利润,另一方面实施过程中通过加强管理、采用先进技术尽可能降低成本,以获取更大利润。而监理人接受委托,不是以经营性赢利为目的,而是以提供服务获得酬金,预期利润包括在签订的酬金内。

4. 合同内包括有授权内容

监理合同中有明确的授权范围。

(二)监理合同的订立

2007 年,中华人民共和国水利部和国家工商行政管理总局联合颁布《水利工程施工监理合同示范文本》(GF—2007—0211)。其内容包含水利工程施工监理合同书、通用合同条款、专用合同条款、附件四个部分。

监理合同的组成文件及解释顺序如下:

(1)监理合同书(含补充协议)。

(2)中标通知书。

(3)投标报价书。

(4)专用合同条款。

(5)通用合同条款。

(6)监理大纲。

(7)双方确认需进入合同的其他文件。

(三)监理合同的履行管理

1. 监理的三种工作

按委托工程的范围划分,监理的任务可以分为正常监理工作、附加监理工作和额外监理工作三大类。

1)正常监理工作

监理合同专用条款内注明的委托监理工作范围和内容,是订立合同时可以合理预见的工作,据此约定了监理工作时间和监理合同的酬金,这部分工作属于监理的正常工作。

2)附加监理工作

附加监理工作是指与完成正常工作相关,但在委托正常监理工作以外监理人应完成的工作。其一指:增加监理工作量或工作时间(由于委托人原因导致施工工程竣工时间拖延、工程变更,由于施工承包人原因致使施工进度滞后于计划进度、施工合同承包人的索赔,由于外界的人为或环境条件变化等原因,影响工程施工按计划完成)。其二指:增加监理工作的范围和内容(合同约定正常监理工作范围之外,增加新的工作内容)。

3)额外监理工作

额外监理工作是指服务内容和附加工作以外的工作,即非监理人的原因而暂停或终止监理业务,其善后工作及恢复监理业务前的准备工作。

由于附加工作和额外工作是委托正常工作之外要求监理人必须履行的义务,因此委托人在监理人完成工作后应另行支付附加监理工作酬金和额外监理工作酬金。

2. 委托人的权利和义务

《水利工程施工监理合同示范文本》(GF—2007—0211)中赋予了委托人以下相应的权利和义务。

1)委托人的权利

(1)对监理工作进行监督、检查,并提出撤换不能胜任监理工作人员的建议或要求。

(2)对工程建设中质量、安全、投资、进度方面的重大问题的决策权。

(3)核定监理人签发的工程计量、付款凭证。

(4)要求监理人提交监理月报、监理专题报告和监理工作报告。

(5)当监理人发生本合同专用条款约定的违约情形时,有权解除本合同。

2)委托人的义务

(1)工程建设外部环境的协调工作。

(2)按专用合同条款约定的时间、数量、方式,免费向监理机构提供开展监理服务的有关本工程建设的资料。

(3)在专用合同条款约定的时间内,就监理机构书面提交并要求作出决定的问题作出书面决定,并及时送达监理机构。超过约定时间,监理机构未收到委托人的书面决定,且委托人未说明理由,监理机构可认为委托人对其提出的事宜已无不同意见,无须再作确认。

(4)与承包人签订的施工合同中明确其赋予监理人的权限,并在工程开工前将监理单位、总监理工程师通知承包人。

(5)提供监理人员在现场的工作和生活条件,具体内容在专用合同条款中明确。如果不能提供上述条件的,应按实际发生费用给予监理人补偿。

(6)按本合同约定及时、足额支付监理服务酬金。

(7)为监理机构指定具有检验、试验资质的机构并承担检验、试验相关费用。

(8)维护监理机构工作的独立性,不干涉监理机构正常开展监理业务,不擅自作出有悖于监理机构在合同授权范围内所作出的指示的决定;未经监理机构签字确认,不得支付工程款。

(9)为监理人员投保人身意外伤害险和第三者责任险。如要求监理人自己投保,则应同意监理人将投保的费用计入报价中。

(10)将投保工程险的保险合同提供给监理人作为工程合同管理的一部分。

(11)未经监理人同意,不得将监理人用于本工程监理服务的任何文件直接或间接用于其他工程建设之中。

3. 监理人的权利和义务

《水利工程施工监理合同示范文本》(GF—2007—0211)中赋予了监理人以下相应的权利和义务。

1)监理人的权利

(1)审查承包人拟选择的分包项目和分包人,报委托人批准。

(2)审查承包人提交的施工组织设计、安全技术措施及专项施工方案等各类文件。

(3)核查并签发施工图纸。

(4)签发合同项目开工令、暂停施工指示,但应事先征得委托人同意;签发进场通知、复工通知。

(5)审核和签发工程计量、付款凭证。

(6)核查承包人现场工作人员数量及相应岗位资格,有权要求承包人撤换不称职的现场工作人员。

(7)发现承包人使用的施工设备影响工程质量或进度时,有权要求承包人增加或更换施工设备。

(8)当委托人发生本合同专用条款约定的违约情形时,有权解除本合同。

(9)专用合同条款约定的其他权利。

2)监理人的义务

(1)本着"守法、诚信、公正、科学"的原则,按专用合同条款约定的监理服务内容为委托人提供优质服务。

(2)在专用合同条款约定的时间内组建监理机构,并进驻现场。及时将监理规划、监理机构及其主要人员名单提交委托人,将监理机构及其人员名单、监理工程师和监理员的授权范围通知承包人;实施期间有变化的,应当及时通知承包人。更换总监理工程师和其他主要监理人员应征得委托人同意。

(3)发现设计文件不符合有关规定或合同约定时,应向委托人报告。

(4)核验建筑材料、建筑构配件和设备质量,检查、检验并确认工程的施工质量;检查施工安全生产情况。发现存在质量、安全事故隐患,或发生质量、安全事故,应按有关规定及时采取相应的监理措施。

(5)监督、检查工程施工进度。

(6)按照委托人签订的工程保险合同,做好施工现场工程保险合同的管理。协助委托人向保险公司及时提供一切必要的材料和证据。

(7)协调施工合同各方之间的关系。

(8)按照施工作业程序,采取旁站、巡视、跟踪检测和平行检测等方法实施监理。需要旁站的重要部位和关键工序在专用合同条款中约定。

(9)及时做好工程施工过程各种监理信息的收集、整理和归档,并保证现场记录、试验、检验、检查等资料的完整和真实。

(10)编制监理日志,并向委托人提交监理月报、监理专题报告、监理工作报告。

(11)按有关规定参加工程验收,做好相关配合工作。委托人委托监理人主持的分部工程验收由专用合同条款约定。

(12)妥善做好委托人所提供的工程建设文件资料的保存、回收及保密工作。在本合同期限内或专用合同条款约定的合同终止后的一定期限内,未征得委托人同意,不得公开涉及委托人的专利、专有技术或其他需保密的资料,不得泄露与本合同业务有关的技术、商务等秘密。

4.合同变更与终止

(1)因工程建设计划调整、较大的工程设计变更、不良地质条件等非监理人原因致使合同约定的服务范围、内容和服务形式发生较大变化时,双方对监理服务酬金计取、监理服务期限等有关合同条款应当充分协商,签订监理补充协议。

(2)当发生法律或合同约定的解除合同的情形时,有权解除合同的一方要求解除合同的,应书面通知对方;若通知送达后28天内未收到对方的答复,可发出终止监理合同的通知,合同即行终止。因解除合同遭受损失的,除依法可以免除责任的外,应由责任方赔偿损失。

(3)在监理服务期内,由于国家政策致使工程建设计划重大调整,或不可抗力致使合同不能履行时,双方协商解决因合同终止所产生的遗留问题。

(4)合同在监理期限届满并结清监理服务酬金后即终止。

5.违约责任

(1)委托人未履行合同条款约定的义务和责任,除按专用合同条款约定向监理人支付违约金外,还应继续履行合同约定的义务和责任。

(2)委托人未按合同条款约定支付监理服务酬金,除按专用合同条款约定向监理人支付逾期付款违约金外,还应继续履行合同约定的支付义务。

(3)监理人未履行合同条款约定的义务和责任,除按专用合同条款约定向委托人支付违约金外,还应继续履行合同约定的义务和责任。

三、水利工程施工合同的管理

为了规范水利水电工程施工,水利部、国家电力公司、国家工商行政管理总局曾联合编制了适合我国大中型水利水电工程施工的《水利水电工程施工合同和招标文件示范文本》(GF—2000—0208)。

为进一步加强水利水电工程施工招标管理,规范资格预审文件和招标文件编制工作,水利部在国家发展和改革委员会等九部委联合编制的《标准施工招标资格预审文件》和《标准施工招标文件》基础上,结合水利水电工程特点和行业管理需要,组织编制了《水利水电工程标准施工招标资格预审文件》(2009 年版)和《水利水电工程标准施工招标文件》(2009 年版)(简称《水利水电工程标准文件》)。

在《水利水电工程标准文件》中,第 4 章合同条款及格式由通用合同条款和专用合同条款构成。

(一)施工合同当事人的义务

1.发包人义务

1)遵守法律

发包人在履行合同过程中应遵守法律,并保证承包人免于承担因发包人违反法律而引起的任何责任。

2)发出开工通知

发包人应委托监理人按开工条款的约定向承包人发出开工通知。

3)提供施工场地

(1)发包人应在合同双方签订合同协议书后的 14 天内,将本合同工程的施工场地范围图提交给承包人。发包人提供的施工场地范围图应标明场地范围内永久占地与临时占地的范围和界限,以及指明提供给承包人用于施工场地布置的范围和界限及其有关资料。

(2)发包人提供的施工用地范围在专用合同条款中约定。

(3)除专用合同条款另有约定外,发包人应按技术标准和要求(合同技术条款)的约定,向承包人提供施工场地内的工程地质图纸和报告,以及地下障碍物图纸等施工场地有关资料,并保证资料的真实、准确、完整。

4)协助承包人办理证件和批件

发包人应协助承包人办理法律规定的有关施工证件和批件。

5)组织设计交底

发包人应根据合同进度计划,组织设计单位向承包人进行设计交底。

6)支付合同价款

发包人应按合同约定向承包人及时支付合同价款。

7)组织竣工验收(组织法人验收)

发包人应按合同约定及时组织法人验收。

8)其他义务

其他义务在专用合同条款中补充约定。

2.承包人义务

1)遵守法律

承包人在履行合同过程中应遵守法律,并保证发包人免于承担因承包人违反法律而引起的任何责任。

2)依法纳税

承包人应按有关法律规定纳税,应缴纳的税金包括在合同价格内。

3)完成各项承包工作

承包人应按合同约定以及监理人作出的指示,实施、完成全部工程,并修补工程中的任何缺陷。除另有约定外,承包人应提供为完成合同工作所需的劳务、材料、施工设备、工程设备和其他物品,并按合同约定负责临时设施的设计、建造、运行、维护、管理和拆除。

4)对施工作业和施工方法的完备性负责

承包人应按合同约定的工作内容和施工进度要求,编制施工组织设计和施工措施计划,并对所有施工作业和施工方法的完备性和安全可靠性负责。

5)保证工程施工和人员的安全

承包人应按合同约定采取施工安全措施,确保工程及其人员、材料、设备和设施的安全,防止因工程施工造成的人身伤害和财产损失。

6)负责施工场地及其周边环境与生态的保护工作

承包人应按照约定负责施工场地及其周边环境与生态的保护工作。

7)避免施工对公众与他人的利益造成损害

承包人在进行合同约定的各项工作时,不得侵害发包人与他人使用公用道路、水源、市政管网等公共设施的权利,避免对邻近的公共设施产生干扰。承包人占用或使用他人的施工场地,影响他人作业或生活的,应承担相应责任。

8)为他人提供方便

承包人应按监理人的指示为他人在施工场地或附近实施与工程有关的其他各项工作提供可能的条件。除合同另有约定外,提供有关条件的内容和可能发生的费用,由监理人商定或确定。

9)工程的维护和照管

除合同另有约定外,合同工程完工证书颁发前,承包人应负责照管和维护工程。合同工程完工证书颁发时尚有部分未完工程的，承包人还应负责该未完工程的照管和维护工作，直至完工后移交给发包人为止。

10)其他义务

其他义务在专用合同条款中补充约定。

(二)施工合同的分类(按计价方式划分)和组成

1.以计价方式进行分类

1)总价合同

总价合同是指在合同中确定一个完成项目的总价，承包单位据此完成项目全部内容的合同。

这类合同仅适用于工程量不太大且能精确计算、工期较短、技术不太复杂、风险不大的项目。采用这种合同类型要求建设单位必须准备详细而全面的设计图纸(一般要求施工详图)和各项说明，使承包单位能准确计算工程量。

2)单价合同

单价合同是承包单位在投标时，按招标文件列出的工程量清单确定工程费用的合同类型。

这类合同的适用范围比较广，其风险可以得到合理的分担，并且能鼓励承包单位通过提高工效等手段从成本节约中提高利润。这类合同能够成立的关键在于双方对单价和工程量计算方法的确认。在合同履行中需要注意的问题则是双方对实际工程量计量的确认。

3)成本加酬金合同

成本加酬金合同，是由业主向承包单位支付工程项目的实际成本，并按事先约定的某一种方式支付酬金的合同类型。

在这类合同中，业主需承担项目实际发生的一切费用，因此也就承担了项目的全部风险。而承包单位由于无风险，其报酬往往也较低。

这类合同的缺点是业主对工程总造价不易控制，承包商也往往不注意降低项目成本。这类合同主要适用于以下项目：

(1)需要立即开展工作的项目，如震后的救灾工作。

(2)新型的工程项目，或对项目工程内容及技术经济指标未确定。

(3)风险很大的项目。

2.施工合同文件的组成及解释顺序

施工合同文件的内容组成及解释顺序如下，排列于前的，解释顺序优先：

(1)施工合同协议书。

(2)中标通知书。

(3)投标报价书。

(4)施工合同专用条款。

(5)施工合同通用条款。

(6)标准、规范及有关技术文件。

(7)图纸。

(8)已标价的工程量清单。

(9)经双方确认进入合同的其他文件。

(三)施工准备阶段的合同管理

1.施工图纸

在《水利水电工程标准文件》中规定:发包人应按技术标准和要求(合同技术条款)约定的期限和数量将施工图纸以及其他图纸(包括配套说明和有关资料)提供给承包人。由于发包人未按时提供图纸造成工期延误的,承包人有权要求发包人延长工期和(或)增加费用,并支付合理利润。

承包人提供的文件应按技术标准和要求(合同技术条款)约定的期限和数量提供给监理人。监理人应按技术标准和要求(合同技术条款)约定的期限批复承包人。

设计人需要对已发给承包人的施工图纸进行修改时,监理人应在技术标准和要求(合同技术条款)约定的期限内签发施工图纸的修改图给承包人。承包人应按技术标准和要求(合同技术条款)的约定编制一份承包人实施计划提交监理人批准后执行。

2.施工进度计划

在《水利水电工程标准文件》中规定:承包人应按技术标准和要求(合同技术条款)约定的内容和期限以及监理人的指示,编制详细的施工总进度计划及其说明提交监理人审批。监理人应在技术标准和要求(合同技术条款)约定的期限内批复承包人,否则该进度计划视为已得到批准。经监理人批准的施工进度计划称为合同进度计划,是控制合同工程进度的依据。承包人还应根据合同进度计划,编制更为详细的分阶段或单位工程或分部工程进度计划,报监理人审批。

3.开工

在《水利水电工程标准文件》中规定:监理人应在开工日期7天前向承包人发出开工通知。监理人在发出开工通知前应获得发包人同意。工期自监理人发出的开工通知中载明的开工日期起计算。承包人应在开工日期后尽快施工。

承包人应按约定的合同进度计划,向监理人提交工程开工报审表,经监理人审批后执行。开工报审表应详细说明按合同进度计划正常施工所需的施工道路、临时设施、材料设备、施工人员等施工组织措施的落实情况以及工程的进度安排。

若发包人未能按合同约定向承包人提供开工的必要条件,承包人有权要求延长工期。监理人应在收到承包人的书面要求后,按有关条款的约定,与合同双方商定或确定增加的费用和延长的工期。

承包人在接到开工通知后14天内未按进度计划要求及时进场组织施工,监理人可通知承包人在接到通知后7天内提交一份说明其进场延误的书面报告,报送监理人。书面报告应说明不能及时进场的原因和补救措施,由此增加的费用和工期延误责任由承包人承担。

4.工程的分包

在《水利水电工程标准文件》中规定:承包人不得将其承包的全部工程转包给第三人,或将其承包的全部工程肢解后以分包的名义转包给第三人。承包人不得将工程主体、关键性工作分包给第三人。承包人应与分包人就分包工程向发包人承担连带责任。

分包分为工程分包和劳务作业分包。工程分包应遵循合同约定或者经发包人书面认可。禁止承包人将本合同工程进行违法分包。分包人应具备与分包工程规模和标准相适应的资质和业绩,在人力、设备、资金等方面具有承担分包工程施工的能力。分包人应自行完成所承包的任务。

在合同实施过程中,如承包人无力在合同规定的期限内完成合同中的应急防汛、抢险等危及公共安全和工程安全的项目,发包人可对该应急防汛、抢险等项目的部分工程指定分包人。因非承包人原因形成指定分包条件的,发包人的指定分包不应增加承包人的额外费用;因承包人原因形成指定分包条件的,承包人应承担指定分包所增加的费用。

由指定分包人造成的与其分包工作有关的一切索赔、诉讼和损失赔偿由指定分包人直接对发包人负责,承包人不对此承担责任。

承包人和分包人应当签订分包合同,并履行合同约定的义务。分包合同必须遵循承包合同的各项原则,满足承包合同中相应条款的要求。发包人可以对分包合同实施情况进行监督检查。承包人应将分包合同副本提交发包人和监理人。

除指定分包外,承包人对其分包项目的实施以及分包人的行为向发包人负全部责任。承包人应对分包项目的工程进度、质量、安全、计量和验收等实施监督和管理。

分包人应按专用合同条款的约定设立项目管理机构组织管理分包工程的施工活动。

5. 支付工程预付款

在《水利水电工程标准文件》中规定:预付款用于承包人为合同工程施工购置材料、工程设备、施工设备、修建临时设施以及组织施工队伍进场等。预付款的额度和预付办法在专用合同条款中约定。预付款必须专用于合同工程。

除专用合同条款另有约定外,承包人应在收到预付款的同时向发包人提交预付款保函,预付款保函的担保金额应与预付款金额相同。保函的担保金额可根据预付款扣回的金额相应递减。

预付款在进度付款中扣回,扣回办法在专用合同条款中约定。在颁发工程接收证书前,由于不可抗力或其他原因解除合同时,预付款尚未扣清的,尚未扣清的预付款余额应作为承包人的到期应付款。

(四)施工过程的合同管理

在《水利水电工程标准文件》中,涉及以下相关施工过程中的合同管理内容。

1. 对材料和设备的控制

1)承包人提供的材料和工程设备

(1)除约定由发包人提供的材料和工程设备外,承包人负责采购、运输和保管完成本合同工作所需的材料和工程设备。承包人应对其采购的材料和工程设备负责。

(2)承包人应按专用合同条款的约定,将各项材料和工程设备的供货人及品种、规格、数量和供货时间等报送监理人审批。承包人应向监理人提交其负责提供的材料和工程设备的质量证明文件,并满足合同约定的质量标准。

(3)对承包人提供的材料和工程设备,承包人应会同监理人进行检验和交货验收,查验材料合格证明和产品合格证书,并按合同约定和监理人指示,进行材料的抽样检验和工程设备的检验测试,检验和测试结果应提交监理人,所需费用由承包人承担。

2)发包人提供的材料和工程设备

(1)发包人提供的材料和工程设备,应在专用合同条款中写明材料和工程设备的名称、规格、数量、价格、交货方式、交货地点和计划交货日期等。

(2) 承包人应根据合同进度计划的安排,向监理人报送要求发包人交货的日期计划。发包人应按照监理人与合同双方当事人商定的交货日期,向承包人提交材料和工程设备。

(3)发包人应在材料和工程设备到货7天前通知承包人,承包人应会同监理人在约定的时间内,赴交货地点共同进行验收。发包人提供的材料和工程设备运至交货地点验收后,由承包人负责接收、卸货、运输和保管。

(4)发包人要求向承包人提前交货的,承包人不得拒绝,但发包人应承担承包人由此增加的费用。

(5)承包人要求更改交货日期或地点的,应事先报请监理人批准。由于承包人要求更改交货时间或地点所增加的费用和(或)工期延误由承包人承担。

(6)发包人提供的材料和工程设备的规格、数量或质量不符合合同要求,或由于发包人原因发生交货日期延误及交货地点变更等情况的,发包人应承担由此增加的费用和(或)工期延误,并向承包人支付合理利润。

3)材料和工程设备专用于合同工程

(1)运入施工场地的材料、工程设备,包括备品备件、安装专用工器具与随机资料,必须专用于合同工程,未经监理人同意,承包人不得运出施工场地或挪作他用。

(2)随同工程设备运入施工场地的备品备件、专用工器具与随机资料,应由承包人会同监理人按供货人的装箱单清点后共同封存,未经监理人同意不得启用。承包人因合同工作需要使用上述物品时,应向监理人提出申请。

4)禁止使用不合格的材料和工程设备

(1)监理人有权拒绝承包人提供的不合格材料或工程设备,并要求承包人立即进行更换。监理人应在更换后再次进行检查和检验,由此增加的费用和(或)工期延误由承包人承担。

(2)监理人发现承包人使用了不合格的材料和工程设备,应即时发出指示要求承包人立即改正,并禁止在工程中继续使用不合格的材料和工程设备。

(3)发包人提供的材料或工程设备不符合合同要求的,承包人有权拒绝,并可要求发包人更换,由此增加的费用和(或)工期延误由发包人承担。

2.对施工质量的监督管理

1)工程质量要求

(1)工程质量验收按合同约定验收标准执行。

(2)因承包人原因造成工程质量达不到合同约定验收标准的,监理人有权要求承包人返工直至符合合同要求为止,由此造成的费用增加和(或)工期延误由承包人承担。

(3)因发包人原因造成工程质量达不到合同约定验收标准的,发包人应承担由于承包人返工造成的费用增加和(或)工期延误,并支付承包人合理利润。

2)承包人的质量管理

(1)承包人应在施工场地设置专门的质量检查机构,配备专职质量检查人员,建立完善的质量检查制度。承包人应按技术标准和要求(合同技术条款)约定的内容和期限,编制工程质量保证措施文件,包括质量检查机构的组织和岗位责任、质量检查人员的组成、质量检查程序和实施细则等,提交监理人审批。监理人应在技术标准和要求(合同技术条款)约定的期限内批复承包人。

(2)承包人应加强对施工人员的质量教育和技术培训,定期考核施工人员的劳动技能,严格执行规范和操作规程。

3)承包人的质量检查

承包人应按合同约定对材料、工程设备以及工程的所有部位及其施工工艺进行全过程的质量检查和检验,并做详细记录,编制工程质量报表,报送监理人审查。

4)监理人的质量检查

监理人有权对工程的所有部位及其施工工艺、材料和工程设备进行检查和检验。承包人应为监理人的检查和检验提供方便,包括监理人到施工场地,或制造、加工地点,或合同约定的其他地方进行察看和查阅施工原始记录。承包人还应按监理人指示,进行施工场地取样试验、工程复核测量和设备性能检测,提供试验样品、提交试验报告和测量成果以及监理人要求进行的其他工作。监理人的检查和检验,不免除承包人按合同约定应负的责任。

5)工程隐蔽部位覆盖前的检查

(1)通知监理人检查。

经承包人自检确认的工程隐蔽部位具备覆盖条件后,承包人应通知监理人在约定的期限内检查。承包人的通知应附有自检记录和必要的检查资料。监理人应按时到场检查。经监理人检查确认质量符合隐蔽要求,并在检查记录上签字后,承包人才能进行覆盖。监理人检查确认质量不合格的,承包人应在监理人指示的时间内修整返工后,由监理人重新检查。

(2)监理人未到场检查。

监理人未按约定的时间进行检查的,除监理人另有指示外,承包人可自行完成覆盖工作,并作相应记录报送监理人,监理人应签字确认。监理人事后对检查记录有疑问的,可按约定重新检查。

(3)监理人重新检查。

承包人按有关约定覆盖工程隐蔽部位后,监理人对质量有疑问的,可要求承包人对已覆盖的部位进行钻孔探测或揭开重新检验,承包人应遵照执行,并在检验后重新覆盖恢复原状。经检验证明工程质量符合合同要求的,由发包人承担由此增加的费用和(或)工期延误,并支付承包人合理利润;经检验证明工程质量不符合合同要求的,由此增加的费用和(或)工期延误由承包人承担。

(4)承包人私自覆盖。

承包人未通知监理人到场检查,私自将工程隐蔽部位覆盖的,监理人有权指示承包人钻孔探测或揭开检查,由此增加的费用和(或)工期延误由承包人承担。

6)清除不合格工程

(1)承包人使用不合格材料、工程设备,或采用不适当的施工工艺,或施工不当,造成工程不合格的,监理人可以随时发出指示,要求承包人立即采取措施进行补救,直至达到合同要求的质量标准,由此增加的费用和(或)工期延误由承包人承担。

(2)由于发包人提供的材料或工程设备不合格造成的工程不合格,需要承包人采取措施补救的,发包人应承担由此增加的费用和(或)工期延误,并支付承包人合理利润。

7)质量评定

(1)发包人应组织承包人进行工程项目划分,并确定单位工程、主要分部工程、重要隐蔽单元工程和关键部位单元工程。

(2)工程实施过程中,单位工程、主要分部工程、重要隐蔽单元工程和关键部位单元工程的项目划分需要调整时,承包人应报发包人确认。

(3)承包人应在单元(工序)工程质量自评合格后,报监理人核定质量等级并签证认可。

(4)除专用合同条款另有约定外,承包人应在重要隐蔽单元工程和关键部位单元工程质量自评合格及监理人抽检后,由监理人组织承包人等单位组成的联合小组,共同检查核定其质量等级并填写签证表。发包人按有关规定完成质量结论报工程质量监督机构核备手续。

(5)承包人应在分部工程质量自评合格后,报监理人复核和发包人认定。发包人负责按有关规定完成分部工程质量结论报工程质量监督机构核备(核定)手续。

(6)承包人应在单位工程质量自评合格后,报监理人复核和发包人认定。发包人负责按有关规定完成单位工程质量结论报工程质量监督机构核定手续。

(7)除专用合同条款另有约定外,工程质量等级分为合格和优良,应分别达到约定的标准。

8)质量事故处理

(1)发生质量事故时,承包人应及时向发包人和监理人报告。

(2)质量事故调查处理由发包人按相关规定履行手续,承包人应配合。

(3)承包人应对质量缺陷进行备案。发包人委托监理人对质量缺陷备案情况进行监督检查并履行相关手续。

(4)除专用合同条款另有约定外,工程竣工验收时,发包人负责向竣工验收委员会汇报并提交历次质量缺陷处理的备案资料。

3.施工进度管理

不论何种原因造成工程的实际进度与合同进度计划不符时,承包人均应在14天内向监理人提交修订合同进度计划的申请报告,并附有关措施和相关资料,报监理人审批,监理人应在收到申请报告后的14天内批复。当监理人认为需要修订合同进度计划时,承包人应按监理人的指示,在14天内向监理人提交修订的合同进度计划,并附调整计划的相关资料,提交监理人审批。监理人应在收到进度计划后的14天内批复。

不论何种原因造成施工进度延迟,承包人均应按监理人的指示,采取有效措施赶上进度。承包人应在向监理人提交修订合同进度计划的同时,编制一份赶工措施报告提交监理人审批。

4. 变更管理

1) 变更的范围和内容

除专用合同条款另有约定外,在履行合同中发生以下情形之一,应按照本条规定进行变更。

(1) 取消合同中任何一项工作,但被取消的工作不能转由发包人或其他人实施。

(2) 改变合同中任何一项工作的质量或其他特性。

(3) 改变合同工程的基线、标高、位置或尺寸。

(4) 改变合同中任何一项工作的施工时间或改变已批准的施工工艺或顺序。

(5) 为完成工程需要追加的额外工作。

2) 变更权

在履行合同过程中,经发包人同意,监理人可按约定的变更程序向承包人作出变更指示,承包人应遵照执行。没有监理人的变更指示,承包人不得擅自变更。

3) 变更程序

(1) 变更的提出。

①在合同履行过程中,可能发生约定情形的,监理人可向承包人发出变更意向书。变更意向书应说明变更的具体内容和发包人对变更的时间要求,并附必要的图纸和相关资料。变更意向书应要求承包人提交包括拟实施变更工作的计划、措施和竣工时间等内容的实施方案。发包人同意承包人根据变更意向书要求提交的变更实施方案的,由监理人按约定发出变更指示。

②在合同履行过程中,发生约定情形的,监理人应向承包人发出变更指示。

③承包人收到监理人按合同约定发出的图纸和文件,经检查认为其中存在约定情形的,可向监理人提出书面变更建议。变更建议应阐明要求变更的依据,并附必要的图纸和说明。监理人收到承包人书面建议后,应与发包人共同研究,确认存在变更的,应在收到承包人书面建议后的 14 天内作出变更指示。经研究后不同意作为变更的,应由监理人书面答复承包人。

④若承包人收到监理人的变更意向书后认为难以实施此项变更,应立即通知监理人,说明原因并附详细依据。监理人与承包人和发包人协商后确定撤销、改变或不改变原变更意向书。

(2) 变更估价。

①除专用合同条款对期限另有约定外,承包人应在收到变更指示或变更意向书后的 14 天内,向监理人提交变更报价书,报价内容应根据约定的估价原则,详细开列变更工作的价格组成及其依据,并附必要的施工方法说明和有关图纸。

②变更工作影响工期的,承包人应提出调整工期的具体细节。监理人认为有必要时,可要求承包人提交要求提前或延长工期的施工进度计划及相应施工措施等详细资料。

③除专用合同条款对期限另有约定外,监理人收到承包人变更报价书后的 14 天内,根据约定的估价原则,商定或确定变更价格。

(3) 变更指示。

①变更指示只能由监理人发出。

②变更指示应说明变更的目的、范围、变更内容以及变更的工程量及其进度和技术要求,并附有关图纸和文件。承包人收到变更指示后,应按变更指示进行变更工作。

4)变更的估价原则

除专用合同条款另有约定外,因变更引起的价格调整按照本款约定处理。

(1)已标价工程量清单中有适用于变更工作的子目的,采用该子目的单价。

(2)已标价工程量清单中无适用于变更工作的子目,但有类似子目的,可在合理范围内参照类似子目的单价,由监理人商定或确定变更工作的单价。

(3)已标价工程量清单中无适用或类似子目的单价,可按照成本加利润的原则,由监理人商定或确定变更工作的单价。

5)承包人的合理化建议

(1)在履行合同过程中,承包人对发包人提供的图纸、技术要求以及其他方面提出的合理化建议,均应以书面形式提交监理人。合理化建议书的内容应包括建议工作的详细说明、进度计划和效益以及与其他工作的协调等,并附必要的设计文件。监理人应与发包人协商是否采纳建议。建议被采纳并构成变更的,应按约定向承包人发出变更指示。

(2)承包人提出的合理化建议降低了合同价格、缩短了工期或者提高了工程经济效益的,发包人可按国家有关规定在专用合同条款中约定给予奖励。

6)暂列金额

暂列金额只能按照监理人的指示使用,并对合同价格进行相应调整。

7)计日工

(1)发包人认为有必要时,由监理人通知承包人以计日工方式实施变更的零星工作。其价款按列入已标价工程量清单中的计日工计价子目及其单价进行计算。

(2)采用计日工计价的任何一项变更工作,应从暂列金额中支付,承包人应在该项变更的实施过程中,每天提交以下报表和有关凭证报送监理人审批:

①工作名称、内容和数量。

②投入该工作所有人员的姓名、工种、级别和耗用工时。

③投入该工作的材料类别和数量。

④投入该工作的施工设备型号、台数和耗用台时。

⑤监理人要求提交的其他资料和凭证。

(3)计日工由承包人汇总后,按约定列入进度付款申请单,由监理人复核并经发包人同意后列入进度付款。

8)暂估价

(1)发包人在工程量清单中给定暂估价的材料、工程设备和专业工程属于依法必须招标的范围并达到规定的规模标准的,若承包人不具备承担暂估价项目的能力或具备承担暂估价项目的能力但明确不参与投标的,由发包人和承包人组织招标;若承包人具备承担暂估价项目的能力且明确参与投标的,由发包人组织招标。暂估价项目中标金额与工程量清单中所列金额差及相应的税金等其他费用列入合同价格。必须招标的暂估价项目招标组织形式、发包人和承包人组织招标时双方的权利义务关系在专用合同条款中约定。

(2)发包人在工程量清单中给定暂估价的材料和工程设备不属于依法必须招标的范

围或未达到规定的规模标准的，应由承包人按约定提供。经监理人确认的材料、工程设备的价格与工程量清单中所列的暂估价的金额差以及相应的税金等其他费用列入合同价格。

(3)发包人在工程量清单中给定暂估价的专业工程不属于依法必须招标的范围或未达到规定的规模标准的，由监理人进行估价，但专用合同条款另有约定的除外。经估价的专业工程与工程量清单中所列的暂估价的金额差以及相应的税金等其他费用列入合同价格。

5.工程量计量

计量采用国家法定的计量单位。结算工程量应按工程量清单中约定的方法计量。除专用合同条款另有约定外，单价子目已完成工程量按月计量，总价子目的计量周期按批准的支付分解报告确定。

1)单价子目的计量

(1)已标价工程量清单中的单价子目工程量为估算工程量。结算工程量是承包人实际完成的，并按合同约定的计量方法进行计量的工程量。

(2)承包人对已完成的工程进行计量，向监理人提交进度付款申请单、已完成工程量报表和有关计量资料。

(3)监理人对承包人提交的工程量报表进行复核，以确定实际完成的工程量。对数量有异议的，可要求承包人按施工测量条款约定进行共同复核和抽样复测。承包人应协助监理人进行复核并按监理人要求提供补充计量资料。承包人未按监理人要求参加复核的，监理人复核或修正的工程量视为承包人实际完成的工程量。

(4)监理人认为有必要时，可通知承包人共同进行联合测量、计量，承包人应遵照执行。

(5)承包人完成工程量清单中每个子目的工程量后，监理人应要求承包人派员共同对每个子目的历次计量报表进行汇总，以核实最终结算工程量。监理人可要求承包人提供补充计量资料，以确定最后一次进度付款的准确工程量。承包人未按监理人要求派员参加的，监理人最终核实的工程量视为承包人完成该子目的准确工程量。

(6)监理人应在收到承包人提交的工程量报表后的7天内进行复核，监理人未在约定时间内复核的，承包人提交的工程量报表中的工程量视为承包人实际完成的工程量，据此计算工程价款。

2)总价子目的计量

总价子目的分解和计量按照下述约定进行。

(1)总价子目的计量和支付应以总价为基础，不因物价波动的因素而进行调整。承包人实际完成的工程量，是进行工程目标管理和控制进度支付的依据。

(2)承包人应按工程量清单的要求对总价子目进行分解，并在签订协议书后的28天内将各子目的总价支付分解表提交监理人审批。分解表应标明其所属子目和分阶段需支付的金额。承包人应按批准的各总价子目支付周期，对已完成的总价子目进行计量，确定分项的应付金额列入进度付款申请单中。

(3)监理人对承包人提交的上述资料进行复核，以确定分阶段实际完成的工程量和工程形象目标。对其有异议的，可要求承包人按施工测量条款约定进行共同复核和抽样复测。

(4)除按照有关条款约定的变更外,总价子目的工程量是承包人用于结算的最终工程量。

6. 工程进度款的支付

(1)付款周期同计量周期。

(2)承包人应在每个付款周期末,按监理人批准的格式和专用合同条款约定的份数,向监理人提交进度付款申请单,并附相应的支持性证明文件。除专用合同条款另有约定外,进度付款申请单应包括下列内容:

①截至本次付款周期末已实施工程的价款。

②应增加和扣减的变更金额。

③应增加和扣减的索赔金额。

④应支付的预付款和扣减的返还预付款。

⑤应扣减的质量保证金。

⑥根据合同应增加和扣减的其他金额。

(3)进度付款证书和支付时间。

①监理人在收到承包人进度付款申请单以及相应的支持性证明文件后的14天内完成核查,提出发包人到期应支付给承包人的金额以及相应的支持性材料,经发包人审查同意后,由监理人向承包人出具经发包人签认的进度付款证书。监理人有权扣发承包人未能按照合同要求履行任何工作或义务的相应金额。

②发包人应在监理人收到进度付款申请单后的28天内,将进度应付款支付给承包人。发包人不按期支付的,按专用合同条款的约定支付逾期付款违约金。

③监理人出具进度付款证书,不应视为监理人已同意、批准或接受了承包人完成的该部分工作。

④进度付款涉及政府投资资金的,按照国库集中支付等国家相关规定和专用合同条款的约定办理。

(4)工程进度付款的修正。

在对以往历次已签发的进度付款证书进行汇总和复核中发现错、漏或重复的,监理人有权予以修正,承包人也有权提出修正申请。经双方复核同意的修正,应在本次进度付款中支付或扣除。

7. 不可抗力

1)不可抗力的确认

(1)不可抗力是指承包人和发包人在订立合同时不可预见,在工程施工过程中不可避免发生并不能克服的自然灾害和社会性突发事件,如地震、海啸、瘟疫、水灾、骚乱、暴动、战争和专用合同条款约定的其他情形。

(2)不可抗力发生后,发包人和承包人应及时认真统计所造成的损失,收集不可抗力造成损失的证据。合同双方对是否属于不可抗力或其损失的意见不一致的,由监理人按有关条款商定或确定。发生争议时,按有关条款的约定办理。

2)不可抗力的通知

(1)合同一方当事人遇到不可抗力事件,使其履行合同义务受到阻碍时,应立即通知合同另一方当事人和监理人，书面说明不可抗力和受阻碍的详细情况，并提供必要的证明。

(2)如不可抗力持续发生，合同一方当事人应及时向合同另一方当事人和监理人提交中间报告，说明不可抗力和履行合同受阻的情况，并于不可抗力事件结束后28天内提交最终报告及有关资料。

3)不可抗力后果及其处理

(1)不可抗力造成损害的责任。

除专用合同条款另有约定外，不可抗力导致的人员伤亡、财产损失、费用增加和(或)工期延误等后果，由合同双方按以下原则承担：

①永久工程，包括已运至施工场地的材料和工程设备的损害，以及因工程损害造成的第三者人员伤亡和财产损失由发包人承担。

②承包人设备的损坏由承包人承担。

③发包人和承包人各自承担其人员伤亡和其他财产损失及其相关费用。

④承包人的停工损失由承包人承担，但停工期间应监理人要求照管工程和清理、修复工程的金额由发包人承担。

⑤不能按期竣工的，应合理延长工期，承包人不需支付逾期竣工违约金。发包人要求赶工的，承包人应采取赶工措施，赶工费用由发包人承担。

(2)延迟履行期间发生的不可抗力。

合同一方当事人延迟履行，在延迟履行期间发生不可抗力的，不免除其责任。

(3)避免和减少不可抗力损失。

不可抗力发生后，发包人和承包人均应采取措施尽量避免和减少损失的扩大，任何一方没有采取有效措施导致损失扩大的，应对扩大的损失承担责任。

(4)因不可抗力解除合同。

合同一方当事人因不可抗力不能履行合同的，应当及时通知对方解除合同。合同解除后，承包人应按照有关条款约定撤离施工场地。已经订货的材料、设备由订货方负责退货或解除订货合同，不能退还的货款和因退货、解除订货合同发生的费用，由发包人承担，因未及时退货造成的损失由责任方承担。合同解除后的付款，参照有关条款约定，由监理人按有关条款商定或确定。

(五)竣工验收阶段的合同管理

1.验收工作分类

验收工作按主持单位分为法人验收和政府验收。法人验收和政府验收的类别在专用合同条款中约定。除专用合同条款另有约定外，法人验收由发包人主持。承包人应完成法人验收和政府验收的配合工作，所需费用应含在已标价工程量清单中。

2.分部工程验收

(1)分部工程具备验收条件时，承包人应向发包人提交验收申请报告，发包人应在收到验收申请报告之日起10个工作日内决定是否同意进行验收。

(2)除专用合同条款另有约定外，监理人主持分部工程验收，承包人应派符合条件的代表参加验收工作组。

(3)分部工程验收通过后，发包人向承包人发送分部工程验收鉴定书。承包人应及时完成分部工程验收鉴定书载明应由承包人处理的遗留问题。

3. 单位工程验收

(1)单位工程具备验收条件时,承包人应向发包人提交验收申请报告,发包人应在收到验收申请报告之日起10个工作日内决定是否同意进行验收。

(2)发包人主持单位工程验收,承包人应派符合条件的代表参加验收工作组。

(3)单位工程验收通过后,发包人向承包人发送单位工程验收鉴定书。承包人应及时完成单位工程验收鉴定书载明应由承包人处理的遗留问题。

(4)需提前投入使用的单位工程应在专用合同条款中明确。

4. 合同工程完工验收

(1)合同工程具备验收条件时,承包人应向发包人提交验收申请报告,发包人应在收到验收申请报告之日起20个工作日内决定是否同意进行验收。

(2)发包人主持合同工程完工验收,承包人应派代表参加验收工作组。

(3)合同工程完工验收通过后,发包人向承包人发送合同工程完工验收鉴定书。承包人应及时完成合同工程完工验收鉴定书载明应由承包人处理的遗留问题。

(4)合同工程完工验收通过后,发包人与承包人应在30个工作日内组织专人负责工程交接,双方交接负责人应在交接记录上签字。承包人应按验收鉴定书约定的时间及时移交工程及其档案资料。工程移交时,承包人应向发包人递交工程质量保修书。在承包人递交了工程质量保修书、完成施工场地清理以及提交有关资料后,发包人应在30个工作日内向承包人颁发合同工程完工证书。

5. 阶段验收

(1)工程建设具备阶段验收条件时,发包人负责提出阶段验收申请报告。承包人应派代表参加阶段验收,并作为被验收单位在验收鉴定书上签字。阶段验收的具体类别在专用合同条款中约定。

(2)承包人应及时完成阶段验收鉴定书载明应由承包人处理的遗留问题。

6. 专项验收

(1)发包人负责提出专项验收申请报告。承包人应按专项验收的相关规定参加专项验收。专项验收的具体类别在专用合同条款中约定。

(2)承包人应及时完成专项验收成果性文件载明应由承包人处理的遗留问题。

7. 竣工验收

(1)申请竣工验收前,发包人组织竣工验收自查,承包人应派代表参加。

(2)竣工验收分为竣工技术预验收和竣工验收两个阶段。发包人应通知承包人派代表参加技术预验收和竣工验收。

(3)专用合同条款约定工程需要进行技术鉴定的,承包人应提交有关资料并完成配合工作。

(4)竣工验收需要进行质量检测的,所需费用由发包人承担,但因承包人原因造成质量不合格的除外。

(5)工程质量保修期满以及竣工验收遗留问题和尾工处理完成并通过验收后,发包人负责将处理情况和验收成果报送竣工验收主持单位,申请领取工程竣工证书,并发送承包人。

8. 施工期运行

(1)施工期运行是指合同工程尚未全部完工,其中某单位工程或部分工程已完工投入运行。需要投入施工期运行的,经发包人按有关条款的约定验收合格,证明能确保安全后,才能在施工期投入运行。需要在施工期运行的单位工程或部分工程在专用合同条款中约定。

(2)在施工期运行中发现工程或工程设备损坏或存在缺陷的,由承包人按有关条款约定进行修复。

9. 试运行

(1)除专用合同条款另有约定外,承包人应按规定进行工程及工程设备试运行,负责提供试运行所需的人员、器材和必要的条件,并承担全部试运行费用。

(2)由于承包人的原因导致试运行失败的,承包人应采取措施保证试运行合格,并承担相应费用。由于发包人的原因导致试运行失败的,承包人应当采取措施保证试运行合格,发包人应承担由此产生的费用,并支付承包人合理利润。

10. 竣工(完工)清场

(1)工程项目竣工(完工)清场的工作范围和内容在技术标准和要求(合同技术条款)中约定。

(2)承包人未按监理人的要求恢复临时占地,或者场地清理未达到合同约定的,发包人有权委托其他人恢复或清理,所发生的金额从拟支付给承包人的款项中扣除。

11. 施工队伍的撤离

合同工程完工证书颁发后的56天内,除经监理人同意需在缺陷责任期(工程质量保修期)内继续工作和使用的人员、施工设备和临时工程外,其余的人员、施工设备和临时工程均应撤离施工场地或拆除。除合同另有约定外,缺陷责任期(工程质量保修期)满时,承包人的人员和施工设备应全部撤离施工场地。

【请你完成】

1. 施工合同当事人有哪些义务?

2. 发包人违约时,依据合同约定,承包人应该如何应对?

3. 承包人违约时,依据合同约定,发包人应该如何应对?

任务二　水利工程建设信息管理

【请你思考】

当你走在城市的道路上时,“红灯停、绿灯行”是大家都要遵守的基本交通规则。这是信息技术在交通管理中的应用。

请你思考一下,信息技术在工业、农业、商业、军事等领域的应用实例。再延伸思考一下,工程建设行业和信息技术的关系。

【请你参考】

一、建设监理信息管理的基本概念

(一)信息、信息系统、信息管理

1.信息

信息就是对客观事物的反映,从本质上看信息是对社会、自然界的事物特征、现象、本质及规律的描述。

2.信息系统

信息系统是由计算机硬件、网络和通信设备、计算机软件、信息资源、信息用户和规章制度组成的以处理信息流为目的的人机一体化系统。

一个监理单位和每一个项目监理机构都应建立信息管理系统,配备熟悉工程项目管理业务并经过培训的信息管理人员,以正确地获得和高效、安全、可靠地使用所需要的信息。

3.监理信息系统

监理信息系统是建设工程信息系统的一个组成部分,建设工程信息系统由建设单位、勘察设计单位、施工承包单位、工程监理单位、建设行政主管部门、建设材料设备供应单位等各自的信息系统组成,监理信息系统是建设工程信息系统的一个子系统,也是监理单位整个信息系统的一个子系统。

4.信息管理

所谓信息管理,是指对信息的收集、加工整理、储存、传递与应用等一系列工作的总称。信息管理的目的就是通过有组织的信息流通,使决策者能及时、准确地获得相应的信息。根据《水利工程施工监理规范》(SL 288—2014)规定,监理机构建立的监理信息管理体系应包括下列内容:

(1)配置信息管理人员并制定相应岗位职责。

(2)制定包括文档资料收集、分类、保管、保密、查阅、复制、整编、移交、验收和归档等制度。

(3)制定包括文件资料签收、送阅程序,制定文件起草、打印、校核、签发等管理程序。

(4)文件、报表格式应符合下列规定:

①常用报告、报表格式宜采用《水利工程施工监理规范》(SL 288—2014)所列的和国务院水行政主管部门印发的其他标准格式。

②文件格式应遵守国家及有关部门发布的公文管理格式,如文号、签发、标题、关键词、主送与抄送、密级、日期、纸型、版式、字体、份数等。

(5)建立信息目录分类清单、信息编码体系,确定监理信息资料内部分类归档方案。

(6)建立计算机辅助信息管理系统。

(二)监理信息分类

按照一定的方式与标准将建设信息予以分类,可便于进行信息资料的归档管理与查询、建立信息联系、进行信息统计以及在监理工作中高效利用信息。建设监理过程中,涉及大量的信息,可依据不同角度划分。

1. 按建设监理的目标划分

(1)投资控制信息。投资控制信息是指与投资控制直接有关的信息,如各种估算指标、类似工程造价、物价指数、概算定额、预算定额、工程项目投资估算、设计概预算、合同价、施工阶段的支付账单、原材料价格、机械设备台时费、人工费、运杂费等。

(2)质量控制信息。质量控制信息是指与工程建设质量控制直接有关的信息。如国家或地方政府部门颁布的有关质量政策、法令、法规和标准等,质量目标的分解图表、质量控制的工作流程和工作制度、质量保证体系的组成、质量抽样检查的数据,各种材料设备的合格证、质保书、检测报告等。

(3)进度控制信息。进度控制信息是指与工程项目进度控制直接有关的信息。如工程项目建设总进度计划、施工定额、进度控制的工作流程和工作制度、进度目标的分解图表、材料和设备的到货计划、进度记录等。

2. 按建设监理信息的来源划分

(1)发包人来函。如发包人的通知、指示、确认等。

(2)承包人来函。如承包人的请示、报批的技术文件、报告等。

(3)监理人发函。如监理人的请示、通知、指示、批复、报告等。

(4)监理机构内部技术文件、管理制度、通知、报告现场记录、调查表、监测数据、会议纪要等。

(5)主管部门文件。

(6)其他单位来函。

3. 按信息的功能划分

(1)监理日志、记录、会议纪要等。

(2)监理月报、年报、监理专题报告和监理工作报告等。

(3)申请与批复等。

(4)通知、指示等。

(5)检查与检测记录及验收报告。

(6)合同文件、设计文件、监理规划、监理实施细则、监理制度、施工组织设计、施工措施计划、进度计划等技术和管理文件。

4. 按信息的形式划分

(1)纸质(文字、图表)。

(2)声像。

(3)图片。

(4)电子文档。

5. 按其他标准划分

(1)按照信息范围的大小不同,可以把建设监理信息分为精细的信息和摘要的信息两类。精细的信息比较具体详尽,摘要的信息比较概括抽象。

(2)按照信息发生的时间不同,可以把建设监理信息分为历史性的信息和预测性的信息两大类。历史性的信息是有关过去的信息,预测性的信息是有关未来的信息。

(3)按照监理阶段的不同,可以把建设监理信息分为计划的、作业的、核算的及报告的信息。在监理开始时,要有计划的信息;在监理过程中,要有作业的和核算的信息;在某一工程项目的监理结束时,要有报告的信息。

(4)按照对信息的期待性不同,可以把建设监理信息分为预知的信息和突发的信息两类。预知的信息是监理工程师可以估计的,它产生在正常情况下;突发的信息是监理工程师难以预计的,它发生在特殊情况下。

(5)按照信息的稳定程度划分,可以把建设监理信息分为固定信息和流动信息。

(6)按信息的层次划分,可以把建设监理信息分为战略性信息、策略性信息和业务性信息。

二、建设监理档案管理

《水利工程建设项目档案管理规定》(水办〔2005〕480号)指出,水利工程档案是指水利工程在前期、实施、竣工验收等各建设阶段过程中形成的,具有保存价值的文字、图表、声像等不同形式的历史记录。水利工程档案工作是水利工程建设与管理工作的重要组成部分。

勘察设计、监理、施工等参建单位,应明确本单位相关部门和人员的归档责任,切实做好职责范围内水利工程档案的收集、整理、归档和保管工作;属于向项目法人等单位移交的应归档文件材料,在完成收集、整理、审核工作后,应及时提交项目法人。项目法人应认真做好有关档案的接收、归档和向流域机构档案馆的移交工作。

水利工程文件材料的收集、整理应符合《科学技术档案案卷构成的一般要求》(GB/T 11822—2008)。归档文件材料的内容与形式均应满足档案整理规范要求。即内容应完整、准确、系统;形式应字迹清楚、图样清晰、图表整洁,竣工图及声像材料须标注的内容清楚、签字(章)手续完备,归档图纸应按《技术制图 复制图的折叠方法》(GB/T 10609.3—2009)的要求统一折叠。电子文档的整理归档,参照《电子文件归档与电子档案管理规范》(GB/T 18894—2016)执行。

(一)建设监理档案管理要求

《水利工程施工监理规范》(SL 288—2014)对监理档案管理提出如下要求。

1. 监理文件应符合的规定

(1)应按规定程序起草、打印、校核、签发。

(2)应表述明确、数字准确、简明扼要、用语规范、引用依据恰当。

(3)应按规定格式编写,紧急文件宜注明“急件”字样,有保密要求的文件应注明密级。

2. 通知与联络应符合的规定

(1)监理机构发出的书面文件,应由总监理工程师或其授权的监理工程师签名、加盖本人执业印章,并加盖监理机构章。

(2)监理机构与发包人和承包人以及与其他人的联络应以书面文件为准。在紧急情况下,监理工程师或监理员现场签发的工程现场书面通知可不加盖监理机构章,作为临时书面指示,承包人应遵照执行,但事后监理机构应及时以书面文件确认;若监理机构未及时发出书面文件确认,承包人应在收到上述临时书面指示后24小时内向监理机构发出书面确认函,监理机构应予以答复。监理机构在收到承包人的书面确认函后24小时内未予以答复的，该临时书面指示视为监理机构的正式指示。

(3)监理机构应及时填写发文记录，根据文件类别和规定的发送程序，送达对方指定联系人，并由收件方指定联系人签收。

(4)监理机构对所有来往书面文件均应按施工合同约定的期限及时发出和答复，不得扣压或拖延，也不得拒收。

(5)监理机构收到发包人和承包人的书面文件，均应按规定程序办理签收、送阅、收回和归档等手续。

(6)在监理合同约定期限内，发包人应就监理机构书面提交并要求其做出决定的事宜予以书面答复；超过期限，监理机构未收到发包人的书面答复，则视为发包人同意。

(7)对于承包人提出要求确认的事宜，监理机构应在合同约定时间内做出书面答复，逾期未答复，则视为监理机构已经确认。

3. 书面文件的传递应符合的规定

(1)除施工合同另有约定外，书面文件应按下列程序传递：

①承包人向发包人报送的书面文件均应报送监理机构，经监理机构审核后转报发包人。

②发包人关于工程施工中与承包人有关事宜的决定，均应通过监理机构通知承包人。

(2)所有来往的书面文件，除纸质文件外还宜同时发送电子文档。当电子文档与纸质文件内容不一致时，应以纸质文件为准。

(3)不符合书面文件报送程序规定的文件，均视为无效文件。

4. 监理日志、报告与会议纪要应符合的规定

(1)现场监理人员应及时、准确完成监理日记。由监理机构指定专人按照规定格式与内容填写监理日志并及时归档。

(2)监理机构应在每月的固定时间，向发包人、监理单位报送监理月报。

(3)监理机构可根据工程进展情况和现场施工情况，向发包人报送监理专题报告。

(4)监理机构应按照有关规定，在工程验收前，提交工程建设监理工作报告，并提供监理备查资料。

(5)监理机构应安排专人负责各类监理会议的记录和纪要编写。会议纪要应经与会各方签字确认后实施，也可由监理机构依据会议决定另行发文实施。

5. 档案资料管理应符合的规定

(1)监理机构应要求承包人安排专人负责工程档案资料的管理工作，监督承包人按照有关规定和施工合同约定进行档案资料的预立卷和归档。

(2)监理机构对承包人提交的归档材料应进行审核，并向发包人提交对工程档案内容与整编质量情况审核的专题报告。

(3)监理机构应按有关规定及监理合同约定，安排专人负责监理档案资料的管理工作。凡要求立卷归档的资料，应按照规定及时预立卷和归档，妥善保管。

(4)在监理服务期满后，监理机构应对要求归档的监理档案资料逐项清点、整编、登记造册，移交发包人。

(二)建设监理文件资料的立卷归档

为加强水利工程建设项目档案管理工作,充分发挥档案在水利工程建设与管理中的作用,应将建设项目参建各方的文件资料立卷归档。

《水利工程建设项目档案管理规定》(水办〔2005〕480号)指出,水利工程档案的归档工作,一般是由产生文件材料的单位或部门负责。总包单位对各分包单位提交的归档材料负有汇总责任。各参建单位技术负责人应对其提供档案的内容及质量负责;监理工程师对施工单位提交的归档材料应履行审核签字手续,监理单位应向项目法人提交对工程档案内容与整编质量情况的专题审核报告。

水利工程档案的保管期限分为永久、长期、短期三种。长期档案的实际保存期限,不得短于工程的实际寿命。

1. 应归档的建设监理资料

在《水利工程建设项目档案管理规定》(水办〔2005〕480号)中,监理方面应归档并长期保存的文件资料包括:

(1)监理合同协议,监理大纲,监理规划、细则、采购方案,监造计划及批复文件。

(2)设备材料审核文件。

(3)施工进度、延长工期、索赔及付款报审材料。

(4)开(停、复、返)工令、许可证等。

(5)监理通知,协调会审纪要,监理工程师指令、指示,来往信函。

(6)工程材料监理检查、复检、试验记录、报告。

(7)监理日志、监理周(月、季、年)报、备忘录。

(8)各项控制、测量成果及复核文件。

(9)质量检测、抽查记录。

(10)施工质量检查分析评估、工程质量事故、施工安全事故等报告。

(11)工程进度计划实施的分析、统计文件。

(12)变更价格审查、支付审批、索赔处理文件。

(13)单元工程检查及开工(开仓)签证,工程分部分项质量认证、评估。

(14)主要材料及工程投资计划、完成报表。

(15)设备采购市场调查、考察报告。

(16)设备制造的检验计划和检验要求、检验记录及试验、分包单位资格报审表。

(17)原材料、零配件等的质量证明文件和检验报告。

(18)会议纪要。

(19)监理工程师通知单、监理工作联系单。

(20)有关设备质量事故处理及索赔文件。

(21)设备验收、交接文件,支付证书和设备制造结算审核文件。

(22)设备采购、监造工作总结。

(23)监理工作声像材料。

(24)其他有关的重要来往文件。

2. 立卷归档的要求

1)编制案卷类目

案卷类目也称为"立卷类目"或"归卷类目",它是为了便于立卷而事先拟定的分类提纲。建设监理文件资料可以按照工程建设的实施阶段以及工程内容的不同进行分类。根据监理文件资料的数量及存档要求,每一卷文档还可再分为若干分册,文档的分册可以按照工程建设内容以及围绕工程建设进度控制、质量控制、投资控制和合同管理等内容进行划分。

2)案卷的整理

案卷的整理一般包括清理、拟题、编排、登录、书封、装订、编目等工作。

(1)清理。即对所有的监理文件进行彻底的整理。它包括收集所有的文件资料,并根据工程技术档案的有关规定,剔除不归档的文件资料。同时,要对归档的文件资料进行一次全面的分类整理,通过修正、补充,乃至重新组合,使立卷的文件资料符合实际需要。

(2)拟题。文件归入案卷后,应在案卷封面上写上卷名,以备检索。

(3)编排。即编排文件的页码。卷内文件的排列要符合事物的发展过程,保持文件的相互关系。

(4)登录。每个案卷都应该有自己的目录,以便于查找。目录的项目一般包括顺序号、发文字号、发文机关、发文日期、发文内容、页号等。

(5)书封。即按照案卷封皮上印好的项目填写,一般包括机关名称、立卷单位名称、标题(卷名)、类目条款号、起止日期、文件总页数、保管期限,以及由档案室填写的目录号、案卷号。

(6)装订。立成的案卷应当装订,每卷的厚度一般不得超过规定厚度。

(7)编目。案卷装订成册后,需要进行案卷目录的编制,以便统计、查考和移交。目录项目一般包括案卷顺序号、案卷类目号、案卷标题、卷内文件起止日期、卷内页数、保管期限、备注等。

3)案卷的移交

案卷目录编成后,立卷工作即告结束,然后按照有关规定进行案卷移交。

3. 建设监理常用表格

《水利工程施工监理规范》(SL 288—2014)附录给出了104个常用表格,其中承包人常用表格(以CB××表示)57个,监理机构常用表格(以JL××表示)47个。在实施监理过程中,监理机构可根据施工项目的规模和复杂程度,采用其中部分或全部表格,如果表格种类不能满足工程实际需要,可按照表格的设计原则另行增加。

【请你完成】

1. 水利工程监理档案资料应包括哪些内容?

2. 借阅《水利工程施工监理规范》(SL 288—2014),收集水利工程建设实例,试填写规范给出的承包人常用表格和监理机构常用表格。

任务三　水利工程建设安全管理

【请你思考】

1996年2月11日14时30分,在东风水电站河槽公路0+430.8 m~0+441.06 m桩号之间,高程864 m处,第四工程处房建队立模班职工陈某某正在安装模板。陈某某站在混凝土仓外部,一手拿钉锤,一手用扒钉撬两块钢模板的U形扣孔,在用力过程中扒钉从U形孔中脱出,人体重心后仰,从864 m高程坠落至852 m高程,坠落高度12 m,头部严重受伤,头骨破裂,脑浆外溢,失血过多死亡。

从以上事故示例中,思考安全管理的重要性。

【请你参考】

建设工程施工现场的安全管理问题随着我国建设事业的发展和建设规模的不断扩大而日益突出。工程建设项目安全管理的方针是:“安全第一,预防为主”。“安全第一”体现了“以人为本”的理念,在生产中应把安全工作放在第一位,处理好安全与生产的关系。“预防为主”是强调在生产中要做好预防工作,把事故消灭在发生之前,防患于未然,是实现安全生产的基础。作为监理单位应加强监理过程中的安全管理,以前提到监理的主要任务时讲“三控两管一协调”,现在变为“三控三管一协调”,增加了“安全管理”。

一、建设参与单位安全管理要求

为了加强水利工程建设安全生产监督管理,明确安全生产责任,防止和减少安全生产事故,保障人民群众生命和财产安全,根据《中华人民共和国安全生产法》《建设工程安全生产管理条例》等法律、法规,结合水利工程的特点,制定了《水利工程建设安全生产管理规定》,自2005年9月1日起施行。

它适用于水利工程的新建、扩建、改建、加固和拆除等活动及水利工程建设安全生产的监督管理。水利工程建设安全生产管理,坚持“安全第一,预防为主”的方针。

它要求项目法人、勘察(测)单位、设计单位、施工单位、建设监理单位及其他与水利工程建设安全生产有关的单位,必须遵守安全生产法律、法规和本规定,保证水利工程建设安全生产,依法承担水利工程建设安全生产责任。

(一)项目法人安全管理责任

(1)项目法人在对施工投标单位进行资格审查时,应当对投标单位的主要负责人、项目负责人以及专职安全生产管理人员是否经水行政主管部门安全生产考核合格进行审查。有关人员未经考核合格的,不得认定投标单位的投标资格(这项工作通常由资格预审委员会或评标委员会进行)。

(2)项目法人应当向施工单位提供施工现场及施工可能影响的毗邻区域内供水、排水、供电、供气、供热、通信、广播电视等地下管线资料,气象和水文观测资料,拟建工程可能影响的相邻建筑物和构筑物、地下工程的有关资料,并保证有关资料的真实、准确、完整,满足有关技术规范的要求。对可能影响施工报价的资料,应当在招标时提供。

(3)项目法人不得调减或挪用批准概算中所确定的水利工程建设有关安全作业环境

及安全施工措施等所需费用。工程承包合同中应当明确安全作业环境及安全施工措施所需费用。

(4)项目法人应当组织编制保证安全生产的措施方案,并自开工报告批准之日起15日内报有管辖权的水行政主管部门、流域管理机构或者其委托的水利工程建设安全生产监督机构(简称安全生产监督机构)备案。建设过程中安全生产的情况发生变化时,应当及时对保证安全生产的措施方案进行调整,并报原备案机关。

保证安全生产的措施方案应当根据有关法律法规、强制性标准和技术规范的要求并结合工程的具体情况编制,应当包括以下内容:

①项目概况。

②编制依据。

③安全生产管理机构及相关负责人。

④安全生产的有关规章制度制定情况。

⑤安全生产管理人员及特种作业人员持证上岗情况等。

⑥生产安全事故的应急救援预案。

⑦工程度汛方案、措施。

⑧其他有关事项。

(5)项目法人在水利工程开工前,应当就落实保证安全生产的措施进行全面系统的布置,明确施工单位的安全生产责任。

(6)项目法人应当将水利工程中的拆除工程和爆破工程发包给具有相应水利水电工程施工资质等级的施工单位。

项目法人应当在拆除工程或者爆破工程施工15日前,将下列资料报送水行政主管部门、流域管理机构或者其委托的安全生产监督机构备案:

①施工单位资质等级证明。

②拟拆除或拟爆破的工程及可能危及毗邻建筑物的说明。

③施工组织方案。

④堆放、清除废弃物的措施。

⑤生产安全事故的应急救援预案。

(二)施工单位安全管理责任

(1)施工单位应当依法取得安全生产许可证后,方可从事水利工程施工活动。

(2)施工单位主要负责人依法对本单位的安全生产工作全面负责。施工单位应当建立健全安全生产责任制度和安全生产教育培训制度,制定安全生产规章制度和操作规程,保证本单位建立和完善安全生产条件所需资金的投入,对所承担的水利工程进行定期和专项安全检查,并做好安全检查记录。

施工单位的项目负责人应当由取得相应执业资格的人员担任,对水利工程建设项目的安全施工负责,落实安全生产责任制度、安全生产规章制度和操作规程,确保安全生产费用的有效使用,并根据工程的特点组织制定安全施工措施,消除安全事故隐患,及时、如实报告生产安全事故。

(3)施工单位在工程报价中应当包含工程施工的安全作业环境及安全施工措施所需

费用。对列入建设工程概算的上述费用，应当用于施工安全防护用具及设施的采购和更新、安全施工措施的落实、安全生产条件的改善，不得挪作他用。

(4)施工单位应当设立安全生产管理机构，按照国家有关规定配备专职安全生产管理人员。施工现场必须有专职安全生产管理人员。

专职安全生产管理人员负责对安全生产进行现场监督检查。发现生产安全事故隐患，应当及时向项目负责人和安全生产管理机构报告；对违章指挥、违章操作的，应当立即制止。

(5)施工单位在建设有度汛要求的水利工程时，应当根据项目法人编制的工程度汛方案、措施制定相应的度汛方案，报项目法人批准；涉及防汛调度或者影响其他工程、设施度汛安全的，由项目法人报有管辖权的防汛指挥机构批准。

(6)垂直运输机械作业人员、安装拆卸工、爆破作业人员、起重信号工、登高架设作业人员等特种作业人员，必须按照国家有关规定经过专门的安全作业培训，并取得特种作业操作资格证书后，方可上岗作业。

(7)施工单位应当在施工组织设计中编制安全技术措施和施工现场临时用电方案，对下列达到一定规模的危险性较大的工程应当编制专项施工方案，并附安全验算结果，经施工单位技术负责人签字及总监理工程师核签后实施，由专职安全生产管理人员进行现场监督：

①基坑支护与降水工程。

②土方和石方开挖工程。

③模板工程。

④起重吊装工程。

⑤脚手架工程。

⑥拆除、爆破工程。

⑦围堰工程。

⑧其他危险性较大的工程。

对上述所列工程中涉及高边坡、深基坑、地下暗挖工程、高大模板工程的专项施工方案，施工单位还应当组织专家进行论证、审查。

(8)施工单位在使用施工起重机械和整体提升脚手架、模板等自升式架设设施前，应当组织有关单位进行验收，也可以委托具有相应资质的检验检测机构进行验收；使用承租的机械设备和施工机具及配件的，由施工总承包单位、分包单位、出租单位和安装单位共同进行验收。验收合格的方可使用。

(9)施工单位的主要负责人、项目负责人、专职安全生产管理人员应当经水行政主管部门安全生产考核合格后方可任职。

施工单位应当对管理人员和作业人员每年至少进行一次安全生产教育培训，其教育培训情况记入个人工作档案。安全生产教育培训考核不合格的人员，不得上岗。

施工单位在采用新技术、新工艺、新设备、新材料时，应当对作业人员进行相应的安全生产教育培训。

(三)监理单位安全管理责任

建设监理单位和监理人员应当按照法律、法规和工程建设强制性标准实施监理,并对水利工程建设安全生产承担监理责任。

建设监理单位应当审查施工组织设计中的安全技术措施或者专项施工方案是否符合工程建设强制性标准。

建设监理单位在实施监理过程中,发现存在生产安全事故隐患的,应当要求施工单位整改;对情况严重的,应当要求施工单位暂时停止施工,并及时向水行政主管部门、流域管理机构或者其委托的安全生产监督机构以及项目法人报告。

二、建设工程安全监理的依据

建设工程安全监理的依据包括有关安全生产、劳动保护、环境保护、消防等的法律法规和标准规范、建设工程批准文件和设计文件、建设工程委托监理合同和有关的建设工程合同等。

(一)有关安全生产、劳动保护等的法律法规和标准规范

有关安全生产、劳动保护等的法律法规和标准规范包括《中华人民共和国安全生产法》《建设工程安全生产管理条例》《中华人民共和国劳动法》《中华人民共和国环境保护法》《中华人民共和国消防法》等法律法规,《水利工程质量管理规定》《水利工程建设安全生产管理规定》《水利工程建设监理规定》等部门规章以及地方法规等,也包括《水利工程施工监理规范》(SL 288—2014)以及有关的工程安全技术标准、规范、规程。

(二)建设工程批准文件

建设工程批准文件包括批准的项目建议书、可行性研究报告、初步设计文件、施工图设计文件等。

(三)委托监理合同和有关的建设工程合同

工程监理单位应当根据两类合同进行安全监理。一类是监理单位与建设单位签订的建设工程监理委托合同;另一类是建设单位与施工承包单位,材料、设备供应单位签订的有关合同。

三、安全生产许可证制度

2004 年 1 月 13 日中华人民共和国国务院令第 397 号《安全生产许可证条例》(根据 2013 年 7 月 18 日《国务院关于废止和修改部分行政法规的决定》第一次修订,根据 2014 年 7 月 29 日《国务院关于修改部分行政法规的决定》第二次修订)规定:国家对矿山企业、建筑施工企业和危险化学品、烟花爆竹、民用爆炸物品生产企业(以下统称企业)实行安全生产许可制度。未取得安全生产许可证的,不得从事生产活动。

省、自治区、直辖市人民政府建设主管部门负责建筑施工企业安全生产许可证的颁发和管理,并接受国务院建设主管部门的指导和监督。

企业取得安全生产许可证,应当具备下列安全生产条件:

(1)建立、健全安全生产责任制,制定完备的安全生产规章制度和操作规程。

(2)安全投入符合安全生产要求。

(3)设置安全生产管理机构,配备专职安全生产管理人员。

(4)主要负责人和安全生产管理人员经考核合格。

(5)特种作业人员经有关业务主管部门考核合格,取得特种作业操作资格证书。

(6)从业人员经安全生产教育和培训合格。

(7)依法参加工伤保险,为从业人员缴纳保险费。

(8)厂房、作业场所和安全设施、设备、工艺符合有关安全生产法律、法规、标准和规程的要求。

(9)有职业危害防治措施,并为从业人员配备符合国家标准或者行业标准的劳动防护用品。

(10)依法进行安全评价。

(11)有重大危险源检测、评估、监控措施和应急预案。

(12)有生产安全事故应急救援预案、应急救援组织或者应急救援人员,配备必要的应急救援器材、设备。

(13)法律、法规规定的其他条件。

安全生产许可证的有效期为3年。安全生产许可证有效期满需要延期的,企业应当于期满前3个月向原安全生产许可证颁发管理机关办理延期手续。

企业在安全生产许可证有效期内,严格遵守有关安全生产的法律法规,未发生死亡事故的,安全生产许可证有效期届满时,经原安全生产许可证颁发管理机关同意,不再审查,安全生产许可证有效期延期3年。

四、施工阶段项目监理机构的安全管理

(一)施工准备阶段的安全管理

《水利工程施工监理规范》(SL 288—2014)对监理机构在施工准备阶段的安全管理作出如下规定:

(1)根据施工现场监理工作需要,监理机构应为现场监理人员配备必要的安全防护用具。

(2)监理机构应审查承包人编制的施工组织设计中的安全技术措施、施工现场临时用电方案,以及灾害应急预案、危险性较大的分部工程或单元工程专项施工方案是否符合工程建设标准强制性条文(水利工程部分)及相关规定的要求。

(3)监理机构编制的监理规划应包括安全监理方案,明确安全监理的范围、内容、制度和措施,以及人员配备计划和职责。监理机构对中型及以上项目、危险性较大的分部工程或单元工程应编制安全监理实施细则,明确安全监理的方法、措施和控制要点,以及对承包人安全技术措施的检查方法。

(4)监理机构应按照相关规定核查承包人的安全生产管理机构,以及安全生产管理人员的安全资格证书和特种作业人员的特种作业操作资格证书,并检查安全生产教育培训情况。

(二)施工阶段的安全管理

《水利工程施工监理规范》(SL 288—2014)对监理机构在施工过程中的安全管理作出如下规定。

(1)施工过程中监理机构的施工安全监理应包括下列内容:

①督促承包人对作业人员进行安全交底，监督承包人按照批准的施工方案组织施工，检查承包人安全技术措施的落实情况，及时制止违规施工作业。

②定期和不定期巡视检查施工过程中危险性较大的施工作业情况。

③定期和不定期巡视检查承包人的用电安全、消防措施、危险品管理和场内交通管理等情况。

④核查施工现场施工起重机械、整体提升脚手架和模板等自升式架设设施和安全设施的验收等手续。

⑤检查承包人的度汛方案中对洪水、暴雨、台风等自然灾害的防护措施和应急措施。

⑥检查施工现场各种安全标志和安全防护措施是否符合工程建设标准强制性条文（水利工程部分）及相关规定的要求。

⑦督促承包人进行安全自查工作，并对承包人自查情况进行检查。

⑧参加发包人和有关部门组织的安全生产专项检查。

⑨检查灾害应急救助物资和器材的配备情况。

⑩检查承包人安全防护用品的配备情况。

(2)监理机构发现施工安全隐患时，应要求承包人立即整改；必要时，可指示承包人暂停施工，并及时向发包人报告。

(3)当发生安全事故时，监理机构应指示承包人采取有效措施防止损失扩大，并按有关规定立即上报，配合安全事故调查组的调查工作，监督承包人按调查处理意见处理安全事故。

(4)监理机构应监督承包人将列入合同安全施工措施的费用按照合同约定专款专用。

五、对监理单位不履行安全监理的处罚

建设监理单位和监理人员应当按照法律、法规和工程建设强制性标准实施监理，对水利工程建设安全生产承担监理责任。

《水利工程建设监理规定》第二十九条规定，监理单位有下列行为之一的，责令限期改正；逾期未改正的，责令停业整顿，并处10万元以上30万元以下的罚款；情节严重的，降低资质等级，直至吊销资质证书；造成重大安全事故，构成犯罪的，对直接责任人员，依照刑法有关规定追究刑事责任；造成损失的，依法承担赔偿责任：

(1)未对施工组织设计中的安全技术措施或者专项施工方案进行审查的。

(2)发现安全事故隐患未及时要求施工单位整改或者暂时停止施工的。

(3)施工单位拒不整改或者不停止施工，未及时向有关水行政主管部门或者流域管理机构报告的。

(4)未依照法律、法规和工程建设强制性标准实施监理的。

【请你完成】

1.《水利工程建设安全生产管理规定》关于监理单位的安全管理有哪些要求？

2.建设工程安全监理有哪些依据？

3.简述项目监理机构在施工阶段的安全管理主要内容。

项目四 水利工程建设监理的组织协调

【请你思考】

监理单位作为水利工程建设的参与方之一,认真地做好"三控、三管",是其本职工作。结合你的生活经历,你能想象出"协调"在工程建设中的重要性吗?

【请你参考】

协调是现代管理理论中的一个重要理念。矛盾无处不在、无时不有,有矛盾就需要协调。协调又称协调管理,它是指通过协商、沟通、调度,联合所有力量,使各项活动衔接有序地正常展开,以实现预定目标。

在水利工程项目建设的不同阶段、不同部位和参加项目建设的不同单位、不同层次之间,存在着大量的界面和结合部,协调的作用就是沟通和理顺这些结合部的关系,化解各种矛盾,排除各种时空上的干扰,组织好各种工艺、工序之间的衔接,使工程总体建设活动能有机地交叉进行,实现质量高、投资省、工期短的建设目标。

一、组织协调的作用

监理单位受项目法人委托对项目进行计划、组织、协调、控制,直接与项目其他参与方发生关系,是最佳的协调人。

总体来说,协调的作用可以归纳为以下三种。

(一)协调可以纠偏和预控错位

在水利工程施工中,经常出现作业行为偏离合同和规范的标准,工期超前和滞后、后续工序脱节、由于设计修改和材料代用给下阶段施工带来影响的变更,以及水文、地质突然变化带来的影响,或人为因素对工期和质量带来的影响等,这些都会造成计划与实际的偏离。监理协调的重要作用之一就是及时纠偏,或采取预控措施事前调整错位。

(二)协调是控制进度的关键

在建设工程施工中,有许多单位工程或分部工程是由不同的专业化的施工队伍完成的,这就存在着不同专业施工队伍间的相互衔接和相互协调的问题。无论哪一专业施工队伍出现工期延误,都会直接影响建设总工期,这就需要监理工程师进行组织与协调。由此可以看出,进度控制的关键是协调。

(三)协调是平衡的手段

在工程施工中,一些大中型的建设项目往往由许多施工队伍进行施工,加上设计单位、土建单位、安装单位、设备材料供应单位等,既有纵向的串接又有横向的联合,各自又有不同的作业计划、质量目标,这就存在着各单位之间的协调问题。监理工程师应当从工程内部分析,既要进行各子系统之间的平衡协调,又要进行队伍之间、上下之间和内外之间的协调,发挥监理机构的核心作用,突出协调功能。

多年的工程监理实践证明,一个工程建设项目的顺利完成是多方配合和相互合作的共同成果。

二、组织协调的工作内容

根据协调管理的范围,项目监理机构协调分为系统内部的协调和系统外部的协调。

(一)项目系统内部协调

1.项目监理机构内部的协调

1)项目监理机构内部人际关系的协调

(1)人员安排要量才录用。对各种人员,要根据每个人的专长进行安排,做到人尽其才。人员的搭配要注意能力和性格的互补,少而精干。

(2)工作分工要职责分明。对组织内的每一个岗位,都应订立明确的目标和岗位责任,使管理职能不重不漏,做到事事有人管、人人有专责。

(3)效率评价要实事求是。每个人员都希望自己的工作出成绩,并得到组织肯定。但工作成绩的取得不仅需要主观努力,而且需要一定的工作条件和相互配合。评价一个人的成绩应实事求是,以免无功自傲或有功受委屈,这样才能使每个人都热爱自己的工作,并对工作充满信心和希望。

(4)矛盾调解要恰到好处。人员之间的矛盾是难免的,一旦出现矛盾就应当进行调解。调解要注意工作方法,如果通过及时沟通、个别谈话和必要的批评,还无法解决矛盾,应采取必要的岗位变动措施。对上下级矛盾要区别对待,是上级的问题就作自我批评,是下级的问题应启发引导,对无原则的争论应当批评制止,这样才能使人们处于团结、和谐、热情的气氛中。

2)项目监理机构内部组织关系的协调

(1)要在职能和分工的基础上设置组织机构。

(2)要明确规定每个机构的目标职责、权限,形成制度。

(3)要事先确定各个机构在工作中的相互关系,防止出现脱节等贻误工作的现象。

(4)建立信息沟通制度,如采用工作例会、业务碰头会、发会议纪要、计算机网络信息传递等方式来沟通信息,这样才能使局部了解全局,服从全局的需要。

(5)及时消除工作中的矛盾和冲突,解决矛盾的方法应根据具体情况而定。如配合不佳导致的矛盾和冲突,应从配合关系入手来消除;争功夺利导致的矛盾和冲突,应从考核评价标准入手来消除;奖罚不公导致的矛盾和冲突,应从明确奖罚制度入手来解决;过高要求导致的矛盾和冲突,应从领导的思想方法和工作方法入手来消除等。

2.监理机构与建设单位关系的协调

监理实践证明,监理目标能否顺利实现与建设单位协调的好坏有很大的关系。

建设单位在建设过程中拥有主导地位,这可能使其在工程建设过程中合同意识差、随意性大,主要体现在:一是对监理工作干涉多,并插手监理人员应做的具体工作;二是不把合同中规定的权力交给监理单位,致使监理工程师有职无权,发挥不了作用;三是科学管理意识差,在建设工程目标确定上压工期、压造价,在建设工程实施过程中变更多或时效不按要求,给监理工作的质量、进度、投资控制带来困难。因此,与建设单位的协调是监理工作的重点和难点。监理机构应从以下几方面加强与建设单位的协调:

(1)监理机构首先要理解建设工程总目标,理解建设单位的意图。对于未能参加项目决策过程的监理机构,必须了解项目构思的基础、起因、出发点,否则可能对监理目标及完成任务有不完整的理解,会给其监理工作造成很大的困难。

(2)利用工作之便做好监理宣传工作,增进建设单位对监理工作的理解,特别是对建设工程管理各方职责及监理程序的理解;主动帮助建设单位处理建设工程中的事务性工作,以自己规范化、标准化、制度化的工作去影响和促进双方工作的协调一致。

(3)尊重建设单位,与建设单位一起投入建设工程全过程的管理。尽管有预定的控制目标,但建设工程实施必须执行建设单位的指令,使建设单位满意。对建设单位提出的某些不适当的要求,只要不属于原则问题,都可先执行,然后利用适当时机,采用适当方式加以说明或解释;对于原则性问题,可采用书面报告等方式说明原委,尽量避免发生误解,以使建设工程顺利实施。

3. 监理机构与承包商关系的协调

监理机构对质量、进度和投资的控制都是通过承包商的工作来实现的,所以做好与承包商的协调工作是监理机构组织协调工作的重要内容。

(1)监理机构在监理工作中应强调各方面利益的一致性和建设工程总目标;监理机构应鼓励承包商将建设工程实施状况、实施结果和遇到的困难及意见向他汇报,以寻找对目标控制可能的干扰。双方了解得越多、越深刻,监理工作中的对抗和争执就越少。

(2)协调不仅是方法、技术问题,更多的是语言艺术、感情交流和用权适度问题,有时尽管协调意见是正确的,但由于方式或表达不妥,反而会激化矛盾。而高超的协调能力则往往能起到事半功倍的效果,令各方面都满意。

(3)施工阶段的协调工作,包括解决进度、质量、中间计量和支付签证、合同纠纷等一系列问题,主要有下列协调问题:

①与承包商项目经理关系的协调。从承包商项目经理及其工地工程师的角度来说,他们最希望监理机构是公正、通情达理并容易理解别人的;希望从监理机构处得到明确而不是含糊的指示,并且能够对他们所询问的问题给予及时的答复;希望监理机构的指示能够在他们工作之前发出。他们可能对本本主义及工作方法僵硬的监理机构最为反感。这些心理现象,作为监理机构来说,应该非常清楚。一个既懂得坚持原则,又善于理解承包商项目经理的意见,工作方法灵活,随时可能提出或愿意接受变通办法的监理机构肯定是受欢迎的。

②进度问题的协调。由于影响进度的因素错综复杂,因而进度问题的协调工作也十分复杂。实践证明,有两项协调工作很有效:一是建设单位和承包商双方共同商定一级网络计划,并由双方主要负责人签字,作为工程施工合同的附件;二是设立提前竣工奖,由监理机构按一级网络计划节点考核,分期支付阶段工期奖,如果整个工程最终不能保证工期,由建设单位从工程款中将已付的阶段工期奖扣回并按合同规定予以罚款。

③质量问题的协调。在质量控制方面应实行监理机构质量签字认可制度。对没有出厂证明、不符合使用要求的原材料、设备和构件,不准使用;对工序交接实行报验签证;对不合格的工程部位不予验收签字,也不予计算工程量,不予支付工程款。在建设工程实施过程中,设计变更或工程内容的增减是经常出现的,有些是合同签订时无法预料和明确规定的。对于这种变更,监理机构要认真研究,合理计算价格,与有关方面充分协商,达成一致意见,并实行监理机构签证制度。

④对承包商违约行为的处理。在施工过程中，监理机构对承包商的某些违约行为进行处理是一件很慎重而又难免的事情。当发现承包商采用一种不适当的方法进行施工，或是用了不符合合同规定的材料时，监理机构除立即制止外，可能还要采取相应的处理措施。遇到这种情况，监理机构应该考虑的是自己的处理意见是否在监理权限以内，根据合同要求，自己应该怎么做等。在发现质量缺陷并需要采取措施时，监理机构必须立即通知承包商。监理机构要有时间期限的概念，否则承包商有权认为监理机构对已完成的工程内容是满意或认可的。

⑤合同争议的协调。对合同纠纷，首先应协商解决，协商不成时再向合同管理机关申请调解和仲裁。如合同约定由法院裁决时，应按照《中华人民共和国合同法》和《中华人民共和国民法通则》的有关规定向人民法院提起诉讼。只有当对方严重违约而使自己的利益受到重大损失而不能得到补偿时，才用诉讼手段保护自己的利益。如果遇到非常棘手的合同争议问题，不妨暂时搁置，等待时机，另谋良策。

⑥对分包单位的管理。主要是对分包单位明确合同管理范围，分层次管理。将总包合同作为一个独立的合同单元进行投资、进度、质量控制和合同管理，不直接和分包合同发生关系。对分包合同中的工程质量、进度进行直接跟踪监控，通过总包商进行调控、纠偏。分包商在施工中发生的问题，由总包商负责协调处理，必要时，监理机构帮助协调。当分包合同条款与总包合同发生抵触时，以总包合同条款为准。此外，分包合同不能解除总包商对总包合同所承担的任何责任和义务。分包合同发生的索赔问题，一般由总包商负责，涉及总包合同中建设单位义务和责任时，由总包商通过监理机构向建设单位提出索赔，由监理机构进行协调。

⑦处理好人际关系。在监理过程中，监理机构处于一种十分特殊的位置。建设单位希望得到独立、专业的高质量服务，而承包商则希望监理单位能对合同条件有一个公正的解释。因此，监理机构必须善于处理各种人际关系，既要严格遵守职业道德，礼貌而坚决地拒收任何礼物，以保证行为的公正性，也要利用各种机会增进与各方面人员的友谊和合作，以利于工程的进展。否则，便有可能引起建设单位或承包商对其可信赖程度的怀疑。

4.监理机构与设计单位关系的协调

监理单位必须协调好设计单位的有关工作，以加快工程进度，确保质量，降低消耗。

(1)真诚尊重设计单位的意见。例如，组织设计单位向承包商介绍工程概况、设计意图、技术要求、施工难点等，把设计遗漏、图纸差错等问题解决在施工之前；施工阶段，严格按图施工；分部工程验收、单位工程验收、合同工程完工验收等工作，约请设计代表参加；若发生质量事故，认真听取设计单位的处理意见等。

(2)施工中发现设计问题，应及时向设计单位提出，以免造成大的直接损失。

(3)注意信息传递的及时性和程序性。

(二)项目系统外部协调

参与项目建设的单位和部门，除作为建设市场主体的建设、设计、施工和监理单位外，还有各级行政主管部门、各级地方政府、当地有关部门、金融机构、新闻媒体及其他社会团体等。协调好项目系统外部的关系，争取各方面的支持，改善建设环境，对于实现项目目标具有十分重要的意义。

1.与政府部门的协调

(1)工程质量监督站是由政府授权的工程质量监督的实施机构，它主要是核查勘察设计单位、承包商、监理单位的资质和检查工程质量。监理单位在进行工程质量控制和质量问题处理时，要做好与工程质量监督站的交流和协调。

(2)对于重大质量事故，在承包商采取急救、补救措施的同时，应敦促承包商立即向政府有关部门报告情况，接受检查和处理。

(3)建设工程合同应送公证机关公证，并报政府建设管理部门备案；征地、拆迁、移民要争取政府有关部门支持和协作；现场消防设施的配置，宜请消防部门检查认可；要督促承包商在施工中注意防止环境污染，坚持做到文明施工。

2. 协调与社会团体的关系

一些大中型建设工程建成后，不仅会给建设单位带来效益，还会给该地区的经济发展带来好处，同时也会给当地人民生活带来方便，因此必然会引起社会各界关注。建设单位和监理单位应把握机会，争取社会各界对建设工程的关心和支持。这是一种争取良好社会环境的协调。

根据目前工程监理的实践，对项目系统外部环境的协调，主要是建设单位负责主持，监理单位仅参与其中一些技术性工作的协调。

三、组织协调的方法

协调作为项目管理的一种重要职能，在项目建设中发挥着重要作用。协调的方法和艺术是协调是否富有成效、发挥作用的关键。

项目协调最常用的方式是召开协调会议和采用其他适当的协调方法。

(一)会议协调法

在工程建设项目的施工中，工地会议是项目协调的主要方式。工地会议是监理人对工程施工进度、质量、投资情况进行的经常性检查，便于监理人对施工过程中的各种矛盾进行协调，同时方便各种信息在工程参与各方之间传递，有利于工程的顺利进行。

1. 第一次工地会议

第一次工地会议是承包商、监理人进入工地后的第一次会议，是建设单位、承包商、监理单位建立良好合作关系的一次机会。第一次工地会议的目的，在于监理人对工程开工前的各项准备工作进行全面检查，确保工程实施有一个良好的开端。

2. 工地例会

工地例会也叫例行现场会议，召开例行现场会议的主要目的是对在施工中发现的工程质量问题、工程进度延误以及承包人提出工期延长或费用索赔的申请或与上述有关的一些重要事项进行讨论，并作出决定。

3. 现场协调会

在整个建设工程施工期间，应根据具体情况，不定期地召开不同层次的施工现场协调会。召开现场协调会的目的在于监理人对日常或经常性的施工活动进行检查、协调和落实，使监理工作和施工活动密切配合。现场协调会以协调工作为主，讨论和证实有关问题，及时发现工程施工中存在的问题，一般对出现的问题不作出决议，重点对日常工作发出指令。监理人和承包商通过现场协调会彼此交换意见、交流信息，促使监理人和承包商双方保持良好的关系，以利于工程建设活动的开展。

(二)交谈协调法

在实践中,并不是所有问题都需要开会来解决,有时可采用"交谈"这一方法,包括面对面的交谈和电话交谈两种形式。

无论是内部协调还是外部协调,这种方法的使用频率都是相当高的。其原因在于:

(1)它是一条保持信息畅通的最好渠道。由于交谈本身没有合同效力及其方便性和及时性,所以建设工程参与各方之间及监理机构内部都愿意采用这一方法。

(2)它是寻求协作和帮助的最好方法。在寻求别人帮助和协作时,往往要及时了解对方的反应和意见,以便采取相应的对策。另外,相对于书面寻求协作,人们更难以拒绝面对面的请求。因此,采用交谈方式请求协作和帮助比采用书面方法实现的可能性要大。

(3)它是正确及时地发布工程指令的有效方法。在实践中,监理人一般都采用交谈方式先发布口头指令,这样,一方面可以使对方及时地执行指令,另一方面可以和对方进行交流,了解对方是否正确理解了指令。随后,再以书面形式加以确认。

(三)书面协调法

当会议或者交谈不方便或不需要时,或者需要精确地表达自己的意见时,就会用到书面协调的方法。书面协调法的特点是具有合同效力,一般常用于以下几个方面:

(1)不需双方直接交流的书面报告、报表、指令和通知等。

(2)需要以书面形式向各方提供详细信息和情况通报的报告、信函和备忘录等。

(3)事后对会议记录、交谈内容或口头指令的书面确认。

(四)访问协调法

访问法主要用于外部协调中,有走访和邀访两种形式。这项工作的开展往往以建设单位为主,监理单位参与其中。走访是指在建设工程施工前或施工过程中,对与工程施工有关的各政府部门、公共事业机构、新闻媒介或工程毗邻单位等进行访问,向他们解释工程的情况,了解他们的意见。邀访是指邀请上述各单位代表到施工现场对工程进行指导性巡视,了解现场工作。因为在很多情况下,他们并不了解工程,不清楚现场的实际情况,如果进行一些不恰当的干预,会对工程产生不利影响。这个时候,采用访问法可能是一个相当有效的协调方法。

(五)情况介绍法

情况介绍法通常是与其他协调方法紧密结合在一起的,它可能是在一次会议前,或是在一次交谈前,或是一次走访或邀访前向对方进行的情况介绍。形式上主要是口头的,有时也伴有书面的。介绍往往作为其他协调的引导,目的是使别人首先了解情况。因此,监理人应重视任何场合下的每一次介绍,要使别人能够理解你介绍的内容、问题和困难,以及你想得到的协助等。

总之,组织协调是一种管理艺术和技巧,监理人员尤其是总监理工程师需要掌握领导科学、心理学、行为科学方面的知识和技能,如激励、交际、表扬和批评的艺术、开会的艺术、谈话的艺术、谈判的技巧等,只有这样,监理人员才能进行有效的组织协调。

【请你完成】

1. 简述工程建设项目组织协调的作用。
2. 简述项目系统内部协调的内容。
3. 简述项目系统外部协调的内容。
4. 简述组织协调的方法。

项目五 水利工程建设监理实务

【项目综述】

作为一名监理工程师,其工作的首要内容就是熟悉与工程建设监理工作相关的各种技术文件。对于一名刚刚入职的监理员来说,你的项目总监理工程师也会强调对相关监理文件的学习和理解,而当你成为一名"成熟"的监理工程师时,你的文字方面的工作将不只是做些工作记录,你还会成为一些重要监理文件(例如监理规划或监理实施细则等)的编写参与者,甚至是主要编写者,那么你知道工程建设监理主要有哪些监理文件吗?它们的作用是什么?应该怎样编写?通过本项目的学习,你将会一一得到答案!

任务一 监理大纲编写

【请你思考】

监理单位获取监理任务,是监理公司得以生存和发展的唯一途径,而监理任务的获取又往往是通过监理工作的招投标来实现的,公平的市场竞争要求获胜者必然是最优秀的,那么监理大纲与监理投标活动是什么关系?监理大纲对于中标后的工程项目监理工作还有意义吗?

【请你参考】

一、监理大纲的作用

监理大纲又称监理方案,它是监理单位为取得监理业务而编写的投标文件中重要的组成部分。建设单位在进行监理招标时,一般要求监理投标单位提交监理技术标书和监理费用标书两部分,其中监理技术标书即监理大纲。建设单位通过对所有投标单位的监理大纲和监理费用的综合评比,最终评出监理中标单位并与之签订委托监理合同。投标单位若想获得建设单位的信任而中标,必须要在监理大纲中展现出自己的监理经验和能力,表达出对所要监理的工程项目的准确理解和先进的工作理念。

监理单位一旦中标,在签订建设工程委托监理合同后,以总监理工程师为首的监理队伍必须提出项目监理规划,在总监理工程师主持下编写的监理规划必须依据工程监理单位投标时的监理大纲。因为监理大纲是建设工程委托监理合同的重要组成部分,也是工程监理单位对建设单位所提技术要求的认同和答复,而监理规划就是对当初签订合同时承诺的第一步履行。

简言之,监理大纲的作用主要有两个:一是为争取监理业务;二是编制监理规划的依据。

二、监理大纲的编写

(一)监理大纲编写的依据

(1)国家有关建设工程方面的法律、法规。

(2)建设单位提供的勘察、设计文件。

(3)建设单位的工程监理招标文件。

(4)适用于本工程的国家规范、规程、技术标准和政府建设及水行政主管部门的文件。

(二)监理大纲的主要内容

监理大纲的内容应当根据监理招标文件的具体要求制定,主要内容如下:

(1)工程项目概况。

(2)监理工作的范围及监理目标。

(3)监理机构的组织形式。

(4)拟派监理机构和人员。

(5)质量、进度、投资控制。

(6)安全、合同和信息管理。

(7)建设工程监理组织协调。

(8)监理工作程序。

(9)监理工作的主要任务。

(10)安全文明施工管理。

(11)对业主的合理化建议。

(12)投标综合说明。

(三)监理大纲的编写注意事项

(1)监理大纲作为监理投标文件的组成部分,应从实质上响应招标文件的要求,否则会被视为废标处理。

(2)监理大纲要充分展示监理单位在过去监理工作中的业绩,在类似工程项目上有过的好的经验,要真实而有说服力。

(3)监理大纲要充分表明监理单位对竞标项目监理范围内提出的任务的理解,要针对招标文件、项目特点和规模,结合自身的条件及优势编写监理大纲。

(4)监理大纲要特别提出自己认为能够给建设单位节约投资、缩短工期、保证工程质量的具体合理化建议。这是展示监理单位丰富工作经验和工作能力的最有力内容。

(5)拟派到项目上的总监理工程师资历、业绩及其在业内的影响力等方面也是监理大纲具有竞争性的重要内容。

【请你完成】

1. 监理大纲的作用是什么?

2. 监理大纲与监理投标文件的关系是什么?

3. 监理大纲的主要内容是什么?

任务二　监理规划编写

【请你思考】

当监理单位获取监理任务之后,就要着手准备进行监理规划的编写了,那么你是否知道监理规划的作用是什么？应如何进行编写？在编写时应注意什么问题？

【请你参考】

监理规划是监理单位和委托单位签订了项目监理合同之后,由项目总监理工程师主持,根据委托监理合同,在监理大纲的基础上,结合项目的具体情况,制定的指导整个项目监理组织开展监理工作的技术组织文件。监理大纲与监理规划都是围绕着整个项目监理组织所开展的监理工作来编写的,但监理规划的内容要比监理大纲详实、全面。

一、监理规划编写要点

(1)监理规划的具体内容应根据不同工程项目的性质、规模、工作内容等情况编制,格式和条目可各有不同。

(2)总监理工程师应主持监理规划的编制工作。

(3)监理规划应在监理大纲的基础上,结合承包人报批的施工组织设计、施工总进度计划编制,并报监理单位技术负责人批准后实施。

(4)监理规划的编写要纳入监理工作"三控制、三管理、一协调"的全部内容,并将它们有机地结合起来,要注意监理规划与监理大纲的一致性和适用性。

(5)监理规划的基本作用是指导监理机构全面开展监理工作。监理规划应对项目监理的计划、组织、程序、方法等做出表述。

(6)监理规划应根据其实施情况、工程建设的重大调整或合同重大变更等对监理工作要求的改变进行修订。

二、监理规划的主要内容

(一)总则

(1)工程项目基本情况。简述工程项目的名称、性质、等级、建设地点、自然条件与外部环境,工程项目建设内容及规模、特点,工程项目建设目的。

(2)工程项目主要目标。工程项目总投资及组成、计划工期(包括阶段性目标的计划开工日期和完工日期)、质量控制目标。

(3)工程项目组织。列明工程项目主管部门、质量监督机构、发包人、设计单位、承包人、监理单位、工程设备供应单位等。

(4)监理工程范围和内容。发包人委托监理的工程范围和服务内容等。

(5)监理主要依据。列出开展监理工作所依据的法律、法规、规章,国家及部门颁发的有关技术标准,批准的工程建设文件和有关合同文件、设计文件等的名称、文号等。

(6)监理组织。现场监理机构的组织形式与部门设置、部门职责,主要监理人员的配置和岗位职责等。

(7)监理工作基本程序。

(8)监理工作主要制度。包括技术文件审核与批准、会议、紧急情况处理、监理报告、工程验收等方面。

(9)监理人员守则和奖惩制度。

(二)工程质量控制

(1)质量控制的内容。根据监理合同,明确监理机构质量控制的主要工作内容和任务。

(2)质量控制的制度。明确监理机构所应制定的质量控制制度。

(3)质量控制的措施。明确质量控制程序和质量控制方法,并明确质量控制点、质量控制要点与难点。

(三)工程进度控制

(1)进度控制的内容。根据监理合同,明确监理机构在施工中进度控制的主要工作内容。

(2)进度控制的制度。阐明针对监理项目所制定的进度控制制度。

(3)进度控制的措施。明确合同项目进度控制程序、控制制度和控制方法。

(四)工程投资控制

(1)投资控制的内容。根据监理合同,明确投资控制的主要工作内容和任务。

(2)投资控制的制度。阐明针对监理项目所制定的投资控制制度。

(3)投资控制的措施。明确工程计量方法、程序和工程支付程序及分析方法,明确监理机构所需制定的工程支付与合同管理制度。

(五)施工安全及文明施工监理

(1)施工安全监理的范围和内容。

(2)施工安全监理的制度。

(3)施工安全监理的措施。

(4)文明施工监理。

(六)合同管理

(1)变更的处理程序和监理工作办法。

(2)违约事件的处理程序和监理工作办法。

(3)索赔的处理程序和监理工作办法。

(4)分包管理的监理工作内容。

(5)担保及保险的监理工作。

(七)协调

(1)监理机构协调工作的主要内容。

(2)协调工作的原则与方法。

(八)工程质量评定与验收监理工作

(1)工程质量评定。

(2)工程验收。

(九)缺陷责任期监理工作

(1)缺陷责任期的监理内容。

(2)缺陷责任期的监理措施。

(十)信息管理

(1)信息管理程序、制度及人员岗位职责。

(2)文档清单、编码及格式。

(3)计算机辅助信息管理系统。

(4)文件资料预立卷和归档管理。

(十一)监理设施

(1)制订现场监理办公和生活设施计划。

(2)制定现场交通、通信、办公和生活设施使用管理制度。

(十二)监理实施细则编制计划

(1)监理实施细则文件清单。

(2)监理实施细则编制工作计划。

(十三)其他

【实例参考】

××水库工程监理规划

1 总则

根据发包人与我监理单位签订的监理委托合同所确定的监理范围,为便于规范化、标准化,有序地开展监理工作,我方依据国家和行业有关工程建设的政策法规、工程建设方面的标准、设计文件及建设方与承建方签订的合同等内容,并结合该项目的特点编制了工程监理规划。

1.1 工程概况

(1)工程项目名称:××水库工程。

(2)工程项目目的:以承担××市的防洪和供水为主,并兼顾改善地下水环境。

(3)工程项目等级:××水库工程等别为Ⅱ等,工程规模为大(2)型,永久性主要建筑物(挡水坝段、溢流坝段、底孔坝段、引水坝段及连接建筑物)为2级,右岸下游导墙等次要建筑物为3级,临时性建筑物为4级。

(4)工程项目地点:工程位于××市境内的小凌河干流上,坝址位于××市太和区的后山河营子村。

(5)工程主要参数:××水库正常蓄水位60.00 m,相应库容$5.94\times10^8\ m^3$,死水位41.0 m,死库容$0.41\times10^8\ m^3$,防洪限制水位59.6 m,设计洪水位(0.2%)61.32 m,防洪高水位(1%)60.52 m,校核洪水位(0.02%)63.56 m,总库容$8.08\times10^8\ m^3$,兴利库容$5.58\times10^8\ m^3$。

(6)工程布置:××坝址处河谷宽约800 m,左岸山坡略陡,右岸较缓,水库枢纽是以土坝为基本坝型的混合坝。大坝坝顶高程64.80 m,最大坝高48.3 m,坝长1 148.0 m。土坝分左右岸布置,主河槽混凝土坝段布置有右连接段、挡水坝段、引水坝段、底孔坝段、溢流坝段、挡水坝段、左连接段。其中左岸土坝长499.0 m,右岸土坝长351.5 m,引水坝段长20.0 m,底孔坝段长40.0 m,溢流坝段长177.5 m,挡水坝段长54.0 m,左、右岸连接段坝顶均为3.0 m。

1.2　工程项目主要目标

1.2.1　工期目标

1.2.1.1　总工期目标

本工程建设全过程划分为工程筹建期、工程准备期、主体工程施工期和工程完建期四个施工段。施工总工期为54个月,其中施工准备期4个月,主体工程施工期49个月,至2019年12月31日竣工,工程收尾期1个月。

1.2.1.2　工期分解

1)导流

一期导流:2015年10月至2017年9月上旬,围护右岸,在左岸滩地开挖导流明渠过流,进行混凝土坝段、连接坝段、右岸土石坝段、导流明渠以左土石坝段的施工。

二期导流:2017年10月至2019年10月31日,围护左岸。二期导流共分两个时段。第一时段:2017年10月中旬至2018年6月,由泄洪底孔和溢流坝段预留缺口过流,进行余下的左岸土石坝段施工;第二时段:2018年7月至2019年6月,坝体挡水,利用永久泄洪底孔过流,各施工部位全面进行施工;2019年7月以后,泄洪底孔和溢流坝可同时过流。

2)截流

截流于第3年10月上旬进行,截流标准按10年一遇的旬平均流量,设计流量为15.1 m^3/s;采用单戗、立堵、单向进占的截流方式。

1.2.2　工程投资目标

本项目监理投资控制的目标为:以发包人与各施工承包人、材料、设备供应商签订的工程合同价为依据,在不发生大的设计变更的前提下,不突破概算。

1.2.3　工程质量目标

争创优质工程,所监理的工程质量符合设计和规范要求,合格率达100%,单元工程质量全部合格,其中优良率控制在75%以上,重要隐蔽单元工程和关键部位单元工程质量优良率达90%以上;分部工程质量全部合格,优良率控制在80%以上,主要分部工程质量全部优良;单位工程质量全部合格,优良率控制在90%以上,主要单位工程全部优良;工程外观质量得分率控制在85%以上;工程项目施工质量优良。

1.3　工程项目组织

项目主管部门:××市水利局

发包人:××市××水库建设有限公司

工程质量监督机构:××市水利工程质量监督站

设计人:××省水利勘测设计研究院

监理单位:××工程咨询有限公司

承包人: ××工程局有限公司

设备供应商:××××××××××××××××

1.4　监理工程范围和内容

1.4.1　工程监理范围

××水库工程全部土建、金属结构设备的制造和安装、水轮发电机等水机设备的制造和安装、相关电气设备的制造和安装、相关安全监测设备的安装、综合自动化系统的安装、后方基地办公楼土建等工程监理及保修期监理。

具体如下:

(1)左、右岸土石坝工程。

(2)挡水重力坝段、溢流坝段、底孔坝段、引水坝段、左岸连接段、右岸连接段工程。

(3)上坝公路、场内交通公路、码头工程。

(4)金属结构及设备:10孔大型弧形闸门及启闭机制造、安装;溢流坝段2孔检修闸门;底孔坝段4孔事故检修闸门及相应启闭机的制造、安装;引水坝段拦污栅3孔、检修闸门和工作闸门各3孔及相应启闭设备的制造、安装;坝顶2×800 kN双向门机。

(5)大坝外部变形观测、内部变形观测、渗流观测、应力、应变及温度监测、环境量监测及综合自动化系统设备安装。

(6)枢纽工程电气系统。

(7)仓库、办公楼工程。

1.4.2 监理服务内容

1.4.2.1 设计方面

(1)核查并签发施工图,发现问题向委托人反映,重大问题向委托人做专题报告,建议委托人要求设计人提交满足工程建设需要的供图计划。

(2)主持或与委托人联合主持设计技术交底会议,编写会议纪要。

(3)协助委托人会同设计人对重大技术问题和优化设计进行专题讨论。

(4)审核承包人对施工图的意见和建议,协助委托人会同设计人进行研究。

(5)其他相关业务。

1.4.2.2 采购方面

(1)协助委托人进行采购招标。

(2)协助委托人对进场的永久工程设备进行质量检验与到货验收。

(3)其他相关业务。

1.4.2.3 施工方面

(1)协助委托人进行工程施工招标和签订工程施工合同。

(2)全面管理工程施工合同,审查承包人选择的分包单位,并报委托人批准。

(3)督促委托人按工程施工合同的约定,落实必须提供的施工条件;检查承包人的开工准备工作。

(4)审核按工程施工合同文件约定应由承包人提交的设计文件。

(5)审查承包人提交的施工组织设计、施工进度计划、施工措施计划;审核工艺试验成果等。

(6)进度控制。协助委托人编制控制性总进度计划,审批承包人编制的进度计划;检查实施情况,督促承包人采取措施,实现合同工期目标,当实施进度发生较大偏差时,要求承包人调整进度计划;向委托人提出调整控制性进度计划的建议意见。

(7)施工质量控制。审查承包人的质量保证体系和措施;审查承包人的实验室条件;依据工程施工合同文件、设计文件、技术标准,对施工全过程进行检查,对重要部位、关键工序进行旁站监理;按照有关规定,对承包人进场的工程设备、建筑材料、建筑构配件、中间产品进行跟踪检测和平行检测，复核承包人自评的工程质量等级；审核承包人提出的工程质量缺陷处理方案，参与调查质量事故。

(8)资金控制。协助委托人编制付款计划；审查承包人提交的资金流计划；核定承包人完成的工程量，审核承包人提交的支付申请，签发付款凭证；受理索赔申请，提出处理建议意见；处理工程变更。

(9)施工安全控制。审查承包人提出的安全技术措施、专项施工方案，并检查实施情况；检查防洪度汛措施落实情况；参与安全事故调查。

(10)协调施工合同各方之间的关系。

(11)按有关规定参加工程验收，负责完成监理资料的汇总、整理，协助委托人检查承包人的合同执行情况；做好验收的各项准备工作或者配合工作，提供工程监理资料，提交监理工作报告。

(12)档案管理。做好施工现场的监理记录与信息反馈，做好监理文档管理工作，合同期限届满时按照档案管理要求整理、归档并移交委托人。

(13)监督承包人执行保修期工作计划，检查和验收尾工项目，对已移交工程中出现的质量缺陷等调查原因并提出处理意见。

(14)按照委托人签订的工程保险合同，做好施工现场工程保险合同的管理；协助委托人向保险公司及时提供一切必要的材料和证据。

(15)其他相关工作。

1.5　监理主要依据

(1)《中华人民共和国建筑法》《建设工程质量管理条例》《水利工程质量管理规定》。

(2)《水利工程施工监理规范》(SL 288—2014)。

(3)《建设工程安全生产管理条例》《水利工程建设安全生产管理规定》。

(4)《××水库建筑工程、安装工程、设备制造监理及保修期监理合同》《水利工程建设项目档案管理规定》(水办〔2005〕480号)、《水利工程建设项目档案验收管理办法》(水办〔2008〕366号)。

(5)与本工程有关的技术标准、规程、规范、法规(合同中引用的)：《土工试验方法标准》(GB/T 50123—1999)，《水利工程量清单计价规范》(GB 50501—2007)，《水工建筑物滑动模板施工技术规范》(SL 32—2014)，《水利水电基本建设工程单元工程质量等级评定标准(七)碾压式土石坝和浆砌石坝工程》(SL 38—92)，《水工建筑物岩石基础开挖工程施工技术规范》(DL/T 5389—2007)，《水工混凝土试验规程》(SL 352—2006)，《水利水电工程施工测量规范》(SL 52—2015)，《水工建筑物水泥灌浆施工技术规范》(SL 62—2014)，《水利水电工程施工质量检验与评定规程》(SL 176—2007)，《水利水电建设工程验收规程》(SL 223—2008)，《土工试验规程》(SL 237—1999)，《水利水电工程天然建筑材料勘察规程》(SL 251—2015)，《水利水电工程施工组织设计规范》(SL 303—2004)，《水利水电工程施工地质勘察规程》(SL 313—2004)，《水利水电工程施工通用安全技术规程》(SL 398—2007)，《水利水电工程土建施工安全技术规程》(SL 399—2007)，《水工混凝土施工规范》(SL 677—2014)，《碾压式土石坝施工技术规范》(DL/T 5129—2001)，《水利水电基本建设工程单元工程质量等级评定标准(水工建筑工程)》(DL/T 5113.1—2005)。

(6)本工程设计文件、施工图纸、技术资料。

1.6 监理组织

1.6.1 监理组织机构

项目监理部按照线性组织机构模式设置,实行总监理工程师负责制。项目监理部下设工程技术部、合同信息部及综合管理部。按合同要求配备水工专业、工程测量专业、建材专业、合同管理(造价)、信息管理、地质等专业监理工程师。监理部组织机构框图如图5-1所示。

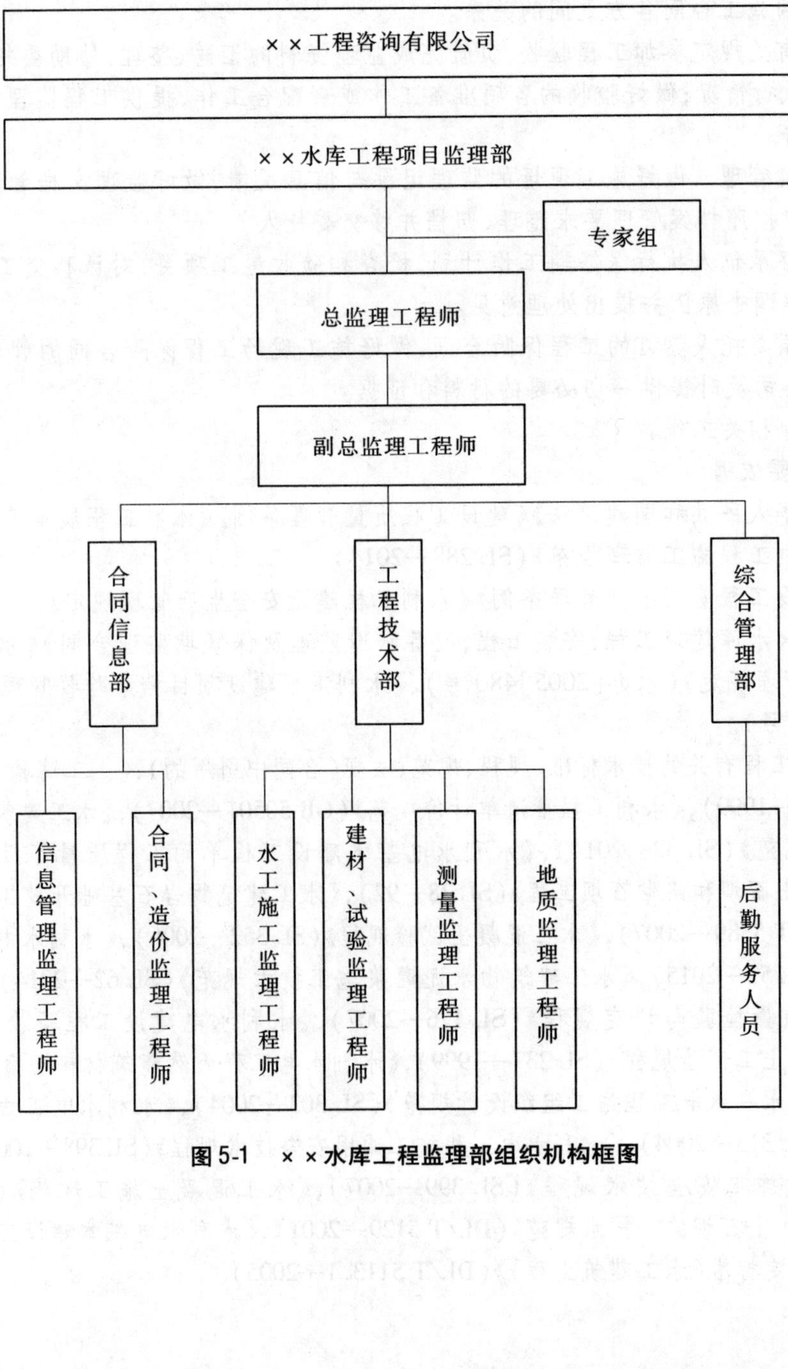

图5-1　××水库工程监理部组织机构框图

1.6.2 部门设置及职能分工

1.6.2.1 工程技术部职责

(1)工程技术部是本监理机构的工程质量管理部门,主要负责现场土建施工、金属结构及机电设备安装等的各项监理工作。工程技术部部长是本部门的第一质量责任人,受总监理工程师的委托,组织领导本部门的日常工作。

(2)审查各单项工程的开工申请,检查开工条件,签署开工意见;对永久设备的供货计划进行督促检查;审查承包单位提交的季度、月施工进度计划、施工措施方案,机电设备、金属结构、电气、自动化监测等安装单位提交的安装技术措施、安装方案和工艺试验成果等。

(3)负责砂石生产、混凝土拌和及制冷系统的建筑安装与运行监理。

(4)负责土建项目现场施工工序、单元工程质量的检查与评定;对金属结构、机电等设备按监理合同要求实行驻厂监造;审查安装单位的质量控制体系和保证措施,负责现场安装工艺、安装程序的检查和安装材料、半成品构件及安装质量的检查,对重要部位和重要工序实行旁站监理,审核安装单位的质量自检报告、分部、分项工程的竣工验收报告,对安装质量进行评定,并签发质量合格证书。

(5)负责各工种、工序间的协调工作,主持定期、不定期的协调会议;参与各项目间和承包商之间的协调工作。

(6)组织设计文件、图纸的审核和组织设计交底工作,并审核设计变更通知,按程序报批后执行。

(7)组织工程质量事故、协助安全事故的调查和处理;负责现场重点施工部位的安全及防火的检查监督。

(8)组织、参与分部工程、单位工程、工程项目的质量评定及验收,其他各阶段专项验收工作。

(9)审查承包商报送的项目竣工验收报告、图纸和有关资料等文件,并签署审查意见。

(10)负责审查、复核承包单位报送的项目工程量,向合同部提供工程款结算依据;会同合同信息部核签工程进度、质量等级的签证工作。

(11)负责试验抽样送检工作、监测和测量监理工作,审核签发相关文件;参与业主对进场永久工程设备进行的质量检验与到货验收。

(12)参与索赔事件的处理,提供有说服力的依据。

(13)督促本部门监理人员写好详尽的监理日志和监理日记,并予以核查。

(14)编写本部门负责项目的监理工作报告,及时向总监理工程师汇报本部门的工作。

(15)总监理工程师委托的其他监理工作。

1.6.2.2 合同信息部职责

(1)配合总监理工程师协助业主进行工程招标及合同签订工作。

(2)参与业主进行主要设备、材料及施工设备的采购招标工作。

(3)熟悉并掌握招投标文件、设计合同、施工承包合同及监理合同等文件,准确运用合同文件解决和处理本工程有关合同方面的事宜。

(4)与工程技术部配合审查与编制本工程年、季度、月进度计划,检查承包单位工程进度完成情况,并将实际完成情况及时报告总监理工程师和业主;如工程进度与控制目标出现偏离,将督促承包商采取赶工措施,以保证工程进度控制目标的实现。

(5)负责工程投资控制,协助业主编制投资控制目标、各年度资金调配计划,负责审查承包单位提交的月、季度、年付款计划及月工程结算清单,根据技术部认可的工程量及质量情况,审核签发付款凭证,经总监理工程师核定后报业主批准。

(6)负责审核新增项目的补充合同单价,做好材料差价和"费用补差"的审核工作,严格控制承包单位提出合同外的各种费用的支付要求。

(7)负责编写工程变更、索赔等调查报告,并提出处理意见,经总监理工程师签字后报告业主。

(8)负责工程有关摄影、录像及各种渠道的信息收集、分类整理。

(9)制定文档资料收集、分类、整编、归档、保管、传阅、查阅、复制、移交、保密等制度,管理程序、文件、报表格式以及建立信息目录分类、信息编码体系,确定监理信息资料内部分类归档方案等。负责文件传递,编写监理月报(年报)、监理总结、大事记以及会议纪要、专题报告等,参与各阶段验收的有关监理资料的制备及承包商资料的审查;协助发包人做好工程档案专项验收。

(10)完成总监理工程师交办的其他工作。

1.6.2.3　综合管理部职责

(1)负责内部人员的考勤汇总及后勤服务,负责有关业务往来的接待工作。

(2)负责汽车的调度安排,负责汽车保养及驾驶人员的安全教育工作,并制定相应的规章制度。

(3)负责监理机构内部财务管理、物资管理,并制定管理办法。

(4)负责监理机构内部的安全管理工作,并制定相应的规章制度。

(5)总监理工程师委托的其他监理工作。

1.6.3　各级人员岗位职责

1.6.3.1　总监理工程师

详见本教材项目一 任务三。

1.6.3.2　副总监理工程师

协助总监理工程师抓监理项目部的全部工作,但有部分工作不可以代替总监理工程师处理。

详见本教材项目一 任务三。

1.6.3.3　监理工程师

详见本教材项目一 任务三。

1.6.3.4　监理员

详见本教材项目一 任务三。

1.6.4　主要监理人员配置及岗位职责

总监理工程师:×××

副总监理工程师:×××(兼建材、试验监理工程师)

工程技术部:×××(部长、水工施工监理工程师)

×××(测量监理工程师)、×××(水工施工监理工程师)
×××(水工施工监理工程师)、×××(水工施工监理工程师)
×××(水工施工监理工程师)、×××(水工施工监理员)
×××(水工施工监理员)、×××(水工施工监理员)

合同信息部:×××(部长、水工施工监理工程师)
×××(水工施工监理工程师)

综合管理部:×××(部长)

备注:根据工程进展,陆续配备监理人员。

1.6.4.1 土建专业监理工程师职责

(1)参与审查承包商报送的总体施工规划(包括总进度、总布置、施工导流方案及相配套的施工组织设计),并提出审查意见,供总监理工程师审核批复,施工监理工程师是对工程进度进行宏观综合控制的主要负责人。

(2)对承包商提交的工程施工措施和计划,在项目监理工程师进行审查并提出书面意见后,负责进行复核和提出书面建议并交项目监理工程师签发。

(3)认真监督承包商在实施关键工程项目中的施工方法、施工程序,及时提出具体改进意见。

(4)严格控制关键线路工程项目的进度,审查工程进度实施报告,指导或直接编制工程进度控制网络图,及时提出调整进度意见。

(5)协助项目监理工程师对关键项目的重要部位进行质量控制和协助调查工程质量问题,分析原因并提出处理意见。

(6)协助地质专业监理工程师和项目监理工程师审查承包商报送的不良地质地段的施工措施报告和施工事故报告。

(7)熟悉招标文件和施工承包合同,编写以工程进度、施工方案为主要内容的监理日志,负责在监理内部提出有关施工进度、施工设备、劳动力安排等方面的具体意见,供总监理工程师参考。

(8)校核承包商提交的工程量申请表,并提出校核意见供项目监理工程师审查。

(9)参加各种与施工有关的会议。

1.6.4.2 金属结构、机电专业监理工程师职责

(1)负责审查和控制金属结构及机电项目的施工安装进度、施工措施和工程质量,参加或主持施工与安装承包商的协调会,协调土建承包商与安装承包商之间的配合协调工作。

(2)根据设计单位提供的设备和材料清单,参加编制设备、材料采购进度计划,协助业主选好设备制造厂家。

(3)组织处理在施工安装过程中所出现的技术和经济问题,当设备在制造和运输过程中产生缺陷时,提出对缺陷的处理意见。

(4)审查安装承包商报送的有关设备的安装调试计划及其他施工措施,审查安装承包商的工程自检报告、安装试验记录、施工记录表,主持复核工作,并签署施工合格证书。

(5)审查并签署安装承包商报送的工程量完成情况和统计报表及支付申请报告,审

查施工安装承包商报送的月进度计划。

(6)熟悉设计内容,领会设计意图,与设计人员研究设计图纸及其修改等问题,签发设计单位提交的设计文件、图纸、通知,草拟金属结构及机电专业的现场通知书和设计修改通知单。

(7)熟悉并掌握招标、投标文件,准确运用合同条款解决和处理本专业有关合同事宜。

(8)负责编写金属结构及机电专业的有关索赔及工程项目单价变更等调查报告,并向分管机电的副总监提出处理意见。

(9)负责编写分管项目的监理日志,审阅监理员填写的值班记录,指导监理员工作,及时发现并处理分管项目在施工过程中出现的施工技术问题。

(10)审查安装承包商报送的机组或其他设备启动试运行程序,参加并协调业主组织的启动委员会和试运行,并对启动程序、试运行的状况作出评价。

(11)审定安装承包商报送的竣工资料和竣工报告,参加竣工验收工作,签署竣工验收证明并编制由监理工程师承担的工程验收资料。负责收集所管工程项目机电设备的说明书、合格证、安装指导书等有关资料的复印件,并整理成册以备验收和复查。

(12)按时编写月、季报、年度总结和工程完工后的工程总结。

1.6.4.3 地质专业监理工程师职责

(1)熟悉并掌握监理工程项目的工程地质及水文地质原始资料,负责了解本工程的施工地质状况、特点与异常情况,全面负责工程施工地质监理工作。

(2)根据施工随时揭示的工程地质情况,及时发现和预测不良地段的地质情况,对工程安全的影响作出判断和分析,并提出处理意见及时报告总监理工程师。

(3)根据设计单位提供的最终设计文件的处理意见,审查承包商提出不良地质地段的施工方法、施工计划和事故报告、应处理的工程量、处理措施报告,经总监理工程师审查批准后及时监督实施。草拟工程施工中有关地质方面的监理文件和现场联系工作。

(4)协助审查承包商报送的当月完成工程量,特别是因地质因素引起的工程量变化和索赔问题,并签署意见。

(5)根据工程实际需要,提出施工地质的补充勘测工作意见。

(6)参加地下工程、隐蔽工程覆盖前的检查验收工作。

(7)草拟工程施工中的有关地质问题方面的现场通知书,编写地质专业监理日志,编写月监理小结、年度总结及工程完工工作总结。

(8)协助研究有关工程项目因地质有关的设计修改和合理化建议而引起的项目变更等问题。

1.6.4.4 测量专业监理工程师职责

(1)检查并掌握施工平面、高程控制网和测量基准点的有关资料,根据合同规定,负责组织上述资料提供给承包商使用,并办理正式移交手续。

(2)审查承包商提交的测量实测报告,包括施测技术方案、测量仪器设备配备、施测人员配置及资质、测量工作规程、测量保护等。

(3)审查承包商引申的测量控制网点测量成果,包括布设的施工测站点、轴线和辅助轴线点,高程加密网点等的精度、施测方法、施测结果精度、误差等,监督检查关键部位施工测量放样放点成果，并按规定和项目监理工程师的要求进行复测，审查批准其测量成果。

(4)掌握测量标准和规范，熟悉合同文件中有关测量工作的具体要求，并负责向承包商进行解释。

(5)对承包商提交的原始断面测量成果资料，采用内业全面核查、现场实地抽查复测的监督方式进行复核，对承包商提交的收方断面测量、建筑物形体测量成果进行现场实地抽查复测。负责审查和核算承包商的开挖、回填收方工程量，按月编制工程量完成情况表及工程形象进度图。

(6)对于洞挖定位等施工测量手段进行检查或抽查，签署有关签证。

(7)草拟有关测量工作的现场通知书，编写测量专业的监理日志，按时编写月、季监理小结、年终总结和工程完工后的总结。

(8)协助审查承包商报送的开挖自检报告，参加隐蔽工程覆盖前验收和单项工程检查验收，对检查验收中有关测量方面的问题提出具体检查意见。审查测量竣工报告和竣工资料，编写工程施工测量情况报告。

(9)协助项目监理工程师审查和核算承包商的开挖、回填收方工程量，按月编制工程量完成情况表。

1.6.4.5 建材(试验)专业监理工程师职责

(1)负责审查批准承包商自建的实验室或委托实验室，内容包括实验室资质、设备和仪器的计量认证文件，试验检测设备及其他设备的配备，试验人员的构成和资质、实验室工作规程规章制度。监督现场实验室的全部工作。审批现场试验计划、试验程序和方法。

(2)负责对承包商使用的原材料，包括水泥、钢筋钢材、砂石骨料、止水材料及各种外加剂等的材质证明和试验成果进行评价和鉴定，必要时进行现场抽样检查；现场不能鉴定时，必要时应外委鉴定。加强现场巡视检查，凡不符合合同及国家有关规定的材料及半成品不得投入施工，并限期清理出场。

(3)掌握试验标准和规范及操作步骤，熟悉合同文件，并负责进行解释，收集和保存承包商现场试验的各项成果、资料及复印件。

(4)负责监督检查承包商的取样条件和试验过程，包括骨料级配、砂石料含水量、含泥量、混凝土配合比、混凝土坍落度、混凝土强度、土料填筑的干密度、容重等，对承包商试验工作的各项成果，包括取样的代表性和计算方法进行审查，并按规定进行一定数量的抽检。

(5)掌握试验标准和规范，熟悉合同文件，并负责进行解释，指导各部位的试验方法和程序，收集和保存承包商的各项现场试验的成果资料。

(6)指导各部位监理员进行的测试工作，以便控制现场施工质量。必要时还应按要求作随机取样进行检查。

(7)为监理项目的阶段验收(单项、单元及隐蔽工程)和竣工验收，提供有关抽查和复检的试验成果，并据此提出对工程质量的评价和意见。

(8)协助总监理工程师及项目监理工程师进行质量控制，调查施工中出现的质量缺陷和质量事故，分析原因并提出弥补意见。

(9)加强现场巡视，草拟监理通知书，详细编写试验专业的监理日志，按时编写工程施工监理月、季报及年度总结和工程完工后的工程总结。

(10)审查承包商提交的有关试验检测竣工资料、竣工报告,并编写监理竣工报告及有关竣工资料。

1.6.4.6　合同管理专业工程师职责

(1)负责审核承包单位月进度付款申请的工程完成报表和单价、总价、扣款、滞留金等有关计算,起草月支付凭证,保管各种申请表及凭证。

(2)协助各专业监理工程师审查变更工程的增减工程量,审查承包单位提出的修改补充单价,进行单价分析,对有争议的问题进行协调并提出处理意见。

(3)参加设计单位、承包单位、业主提出的设计变更及合理化建议的研究讨论,计算复核节约工程量及费用。

(4)审查承包单位的工程用款计划、材料采购计划,严格控制工程投资。

(5)参加监理与承包单位的协调会议。

(6)编制工程投资完成情况统计图表,对工程投资进行跟踪控制,及时向总监理工程师报告有关工程结算统计资料,进行工程投资完成情况和预测的分析。

(7)协助业主做好审计资料的准备工作和协助项目业主编制竣工决算。

(8)根据业主的委托协助业主参加设计概算修改审查。

1.6.4.7　信息管理专业工程师职责

(1)负责工程建设信息的收集、分类、整理、储存及传递工作。信息传递以文字为主,统一编号,并使用计算机进行管理,为工程建设提供及时有用的信息和决策依据。

(2)对接收的文件进行登记并根据签批意见复制和分发,将总监理工程师签发的文函送达指定的部门并取得回执。

(3)了解各部门记录接收情况或收集各部门交回的各类记录。

(4)对所有的文档进行分类、整理、归档、贮存,并提供查阅服务。

(5)为所有种类的文件或资料建立动态清单。

(6)根据业主的要求对文档定期或在一定阶段进行整理后移交给业主。

(7)在退场前对档案进行彻底清理整理后移交给业主或运回公司总部按照总监理工程师的批准销毁作废文档。

1.7　监理工作基本程序

监理工作基本程序如图5-2所示。

1.8　监理主要工作方法和制度

1.8.1　技术文件审核审批

根据监理合同、施工合同的规定,技术文件的审核及审批应遵照下列规定:

(1)由发包人提供的施工图纸、设计变更及施工测量控制点等技术文件经专业监理工程师核查无误,总监理工程师签字确认后,下发给承包人执行。

(2)承包人的施工组织设计、施工措施计划、施工进度计划、开工申请等,按要求填报由监理提供的表格报项目监理工程师复核、工程技术部部门负责人审核后报总监理工程师审定后下发执行。表样详见《××水库工程信息管理监理实施细则》。

(3)承包人上报各种技术文件的内容、时限等要求,详见相应工程承包合同。

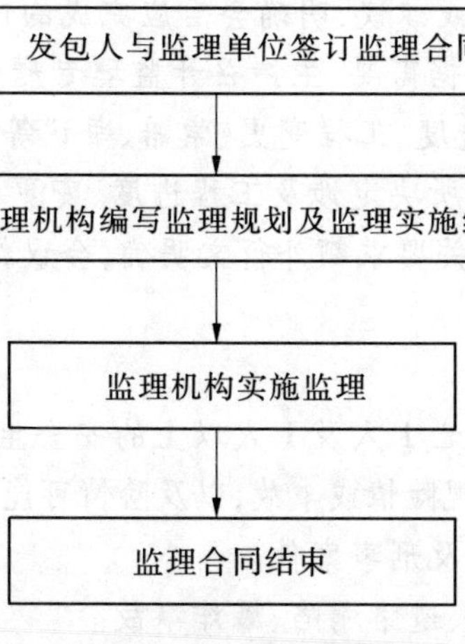

图5-2　监理工作基本程序

(4)承包人上报文件,监理工程师根据岗位职责、分工及权限进行审核、审批,经审核、审批后方可实施。

1.8.2　原材料、构配件和工程设备检验

(1)承包人用于本工程的原材料、构配件和工程设备在进场后,应经承包人自检后,填报《材料/构配件进场报验单》《施工设备报验单》等,并附相应的出厂合格证明和技术说明书,报项目(专业)监理工程师复核,经部门负责人批准后报总监理工程师审定。

(2)未经检验或检验不合格的原材料、构配件和工程设备不得用于本工程。

(3)不合格的材料、构配件和工程设备应按监理指示在规定的时限内运离工地或指示承包人做相应处理。

1.8.3　工程质量检验

(1)承包人每完成一道工序或一个单元工序,都应经过自检(三检),合格后填写《单元(工序)工程质量报验单》报监理员、监理工程师复核、检验并进行相应质量评定。

(2)上道工序或上一单元工程未经检验或复核检验不合格,不得进行下道工序或下一单元工程施工。

1.8.4　工程计量付款签证

(1)承包人按合同要求完成相应部位的工程施工后,应按合同要求每月22日前填写工程计量报表,并附详细支持性材料上报监理确认。

(2)未经监理机构签证的付款申请,发包人不应支付工程款。

1.8.5　监理协调会议

(1)第一次工地会议。在合同项目开工令下达前举行,由总监理工程师与发包人的负责人联合主持,工程建设各方如发包人、承包人、设计、材料设备供应商等应派主要负责人参加。会议主要内容包括:工程开工准备检查情况;介绍各方负责人及授权代表和授权内容;沟通有关工程的信息;进行监理工作交底。

(2)监理例会。每月10日、20日、30日上午9点,由监理主持召开参建各方负责人参加的旬例会。通报工程进展情况,检查上次监理例会中有关决定的执行情况,分析当前存

在的问题,提出问题的解决方案或建议,明确会后应完成的任务,并形成会议纪要。

(3)监理专题会议。监理根据需要,主持召开监理专题会议,研究解决施工中出现的涉及施工质量、施工方案、施工进度、工程变更、索赔、争议等方面的专门问题。

(4)对监理主持的例会过程所决定涉及工程进度、变更、投资、安全等的重大事项,除形成会议纪要外,还应专门按相关要求额外行文明确,会议纪要不得作为执行的依据。

1.8.6　施工现场紧急情况报告

1.8.6.1　施工现场紧急情况

(1)施工现场出现重伤或死亡1人及1人以上的安全生产或非安全生产事故。

(2)施工现场重大危险源出现险情或事故,以及险情可能危及到周边建筑或人身安全。

(3)施工现场出现重大治安及刑事案件。

(4)施工现场发生房屋倒塌、道路塌陷、爆炸事故。

(5)施工现场发生有毒、有害气、液体泄漏,发生重大火灾。

(6)施工现场发生重大传染病疫情。

1.8.6.2　处理程序及措施

(1)现场发生紧急事故时,监理应立即按要求上报××水库建设管理局,不得迟报、漏报、瞒报。同时督促承包人按程序及时上报,并指示承包人按应急预案的要求积极组织现场救援,防止事态扩大。

(2)项目部应在24 h内上报公司总部。

1.8.7　工作报告制度

(1)监理每月5日前向发包人提交上月监理月报。

(2)根据工程的需要,编制监理工作专题报告。

(3)在工程各阶段验收时,按照《水利水电建设工程验收规程》(SL 223—2008)的要求向发包人提交监理工作报告。

(4)上述监理报告格式可参照《水利工程施工监理规范》(SL 288—2014)。

(5)上述监理报告须及时上报公司总部。

1.9　监理人员守则及奖惩制度

1.9.1　监理人员行为准则

遵章守纪　廉洁无私
恪守合同　公平公正
坚持原则　实事求是
团结协作　热情服务

1.9.2　监理人员工作守则

(1)监理人员要不断加强职业道德修养,主动增强为水利工程建设服务的意识。

(2)熟练掌握合同文件和工程图纸,认真学习相关技术规范,按程序、标准进行监理工作。

(3)深入施工现场,全面掌握所在施工段情况,能够及时发现问题、解决问题。

(4)认真遵守休假、考勤制度,坚守工作岗位,不得擅自离岗或脱岗,严禁黄赌毒行为,严禁酒后上岗。

(5)严禁外出同承包商从事餐饮、娱乐等活动,特殊情况须经项目部领导批准。

(6)实事求是地填写监理日记、日志及旁站记录,对各种口头或书面指令必须有记录、有落实、有反馈。

(7)遵守施工现场各项规章、规程,加强自我保护,注意防火、防盗,注意用电、交通及进洞安全。

(8)摆正位置,文明执业,不得以任何方式索要或接受承包商的各种钱物。

(9)坚持及时以书面或口头形式反映工作情况(监理情况反映),并提出工作建议。

(10)全体监理人员进入施工现场必须穿工作服,佩戴安全用具。

1.9.3 奖惩制度

1.9.3.1 总则

(1)为了鼓励现场监理机构人员的敬业、进取和公平竞争精神,结合发包人有关规定,进一步搞好工程建设监理工作,使现场监理机构人员能正确、规范、高效地履行或运用工程承建合同文件和建设监理合同文件中发包人授予的职责和权力,促进工程建设达到一流水平,特制定本制度。

(2)本制度适用于工程建设监理招标范围内的工程。奖惩范围为现场监理机构全体职工。

(3)奖惩的评定定期进行,依据平时表现和工作成绩进行考评,采用百分制对每位职工打分,按算术和分值高低进行奖励或惩罚。

1.9.3.2 奖励评分标准(100 分)

略

1.9.3.3 惩罚评分规定(-100 分)

略

1.9.3.4 奖惩办法

1)奖惩时间

从监理现场机构进场时起,每6个月进行一次评定。奖金分发滞后一期进行,对于受到清退出场惩罚的人员,即期解聘。

2)奖惩评定

奖惩工作由现场监理机构总监理工程师统一领导,评定小组由总监理工程师和职能部门负责人组成。

评定结果报发包人备案。

3)奖惩办法

(1)对得分高于70分的前4名人员给予物质奖励,奖励人数宁缺勿滥,奖金按现场工作天数和得分高低综合确定。

(2)对得分在0~50分的人员按(70-评分值)%扣发评定月监理补助费。

(3)对得负分或不称职人员及时清退出场,并扣发当月的工资或现场补助。

4)奖金来源

从监理费中提取1%~3%用于奖励。

2 工程质量控制

2.1 质量控制内容

(1)督促承包人建立和健全质量保证体系,并监督其贯彻执行。

(2)审查承包人实验室情况,是否满足工程建设的需要。

(3)依据工程施工合同文件、设计文件、技术标准,对施工全过程进行检查,对重要部位、关键工序进行旁站监理。

(4)按照合同、技术标准、规范的规定,对承包人进场的工程设备、建筑材料、构配件、中间产品进行跟踪检测和平行检测。

(5)按照水利工程有关规范、质量评定标准、规程及合同、设计文件等的要求,复核承包人自评的工程质量等级。

(6)审核承包人提出的工程质量缺陷处理方案,参与调查质量事故。

2.2 质量控制原则

以单元工程为控制基础,以工序控制和过程跟踪为环节,以重要隐蔽工程和关键部位为控制重点,实行单元工程、分部工程、单位工程三级控制,实现事前预控、事中程控、事后终控;对影响工程质量的人、材、物、方法、环境等进行相应的监控;对重点、难点部位、关键项目实行跟踪监理。

2.3 质量控制措施

2.3.1 质量控制程序

质量控制关系框图如图5-3所示。

单元工程(工序)质量控制监理工作程序图及质量评定监理工作程序图详见《水利工程施工监理规范》(SL 288—2014)附录C。

2.3.2 质量控制依据和内容

2.3.2.1 质量控制依据

(1)国家颁布的有关质量方面的法律、法规:《中华人民共和国建筑法》《建设工程质量管理条例》《水利工程质量管理规定》。

(2)已经批复的《××水库工程初步设计》《××水库工程施工图纸》及施工过程中出具的设计变更和修改文件。

(3)已批准的《××水库工程施工组织设计》、施工技术措施及各项工程的施工方案。

(4)工程施工合同及设计中引用的国家和行业(或部颁)的现行施工操作技术规范、施工工艺规程及验收规范、评定规程。

(5)《××水库工程临时建筑工程施工合同》中引用的有关原材料、半成品、构配件方面的质量依据。

(6)发包人与承包人签订的《××水库临时建筑工程施工合同》中有关质量的合同条款。

(7)金属结构、机电设备、自动化监测等制造厂商提供的安装说明书和有关技术标准。

2.3.2.2 质量控制内容

1)工程测量放线质量控制内容

开工前严格审查并批准施工单位的控制测量设计、施工控制点及测量人员的资质、仪器精度和率定情况,并定期进行施工控制网的复测。

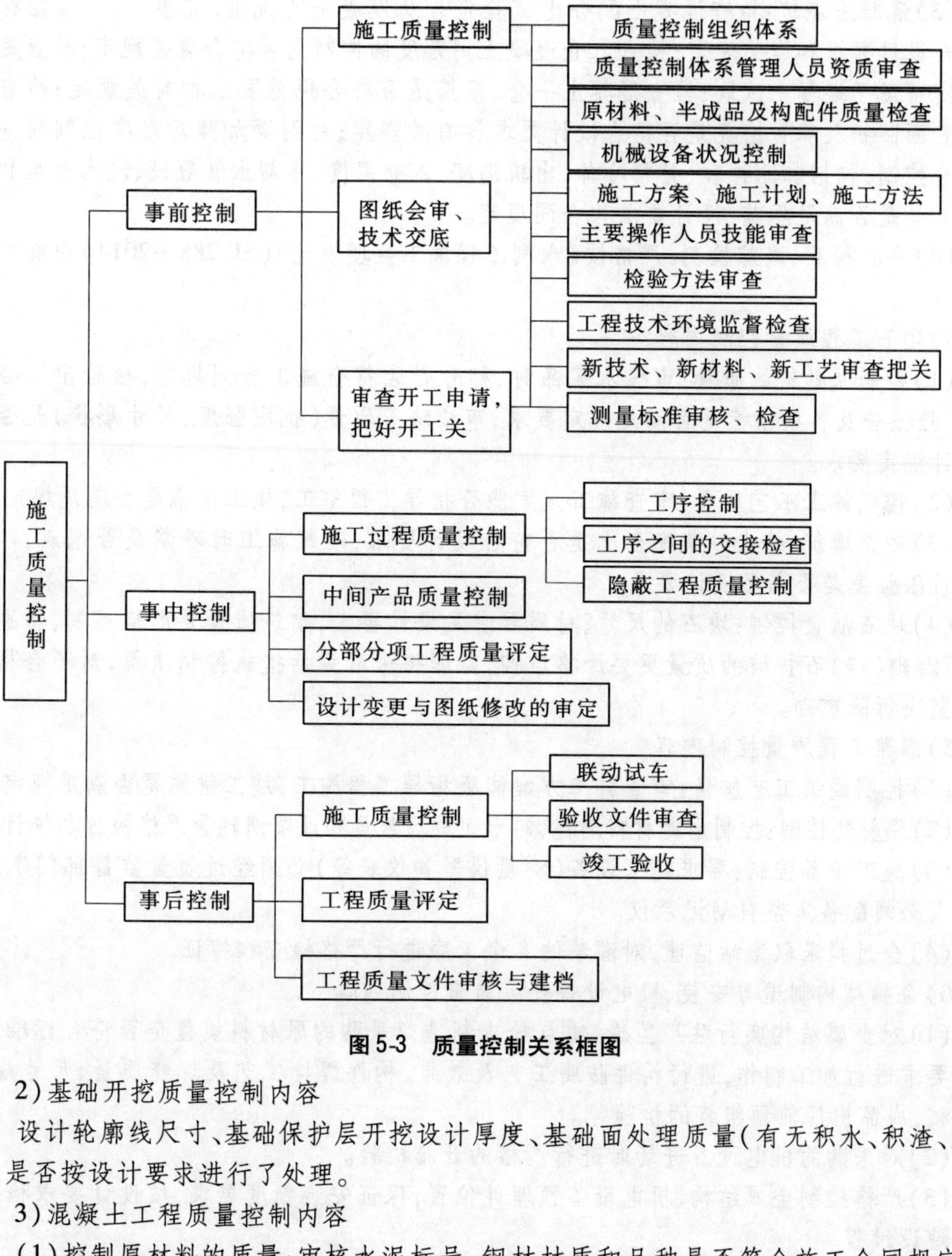

图5-3 质量控制关系框图

2)基础开挖质量控制内容

设计轮廓线尺寸、基础保护层开挖设计厚度、基础面处理质量(有无积水、积渣、杂物等)是否按设计要求进行了处理。

3)混凝土工程质量控制内容

(1)控制原材料的质量:审核水泥标号、钢材材质和品种是否符合施工合同规定,核验出厂合格证、复验报告及各项技术性能指标是否满足规定要求;审核砂的细度模数是否符合规定的质量技术要求;粗骨料的最大粒径和超逊径含量是否符合有关规定,审核粗骨料的质量技术指标是否满足规范要求;审核用于拌和养护混凝土的水质、外加剂等是否符合有关规定。

(2)控制施工工艺质量:审查施工方案能否指导工程施工、施工措施是否满足强制性条文规定,质量保证体系是否健全。

(3)混凝土浇筑:检查混凝土配合比试验报告及混凝土的抗压、抗渗、抗冻等指标是否符合设计要求和有关规定;检查入仓混凝土坍落度的控制是否符合有关规定;检查是否按规定留足了混凝土试块;检查混凝土平仓、振捣是否符合规范要求和有关规定;检查混凝土表面防护及养护情况是否符合设计要求和有关规定;特别要加强对温度控制措施的监督与控制,包括加冰拌和、骨料冷却、出机温度、入仓温度、冷却水管敷设、流水养生和冬季保温等是否满足规范、设计要求和合同规定。

(4)平行检测、跟踪检测:严格按《水利工程施工监理规范》(SL 288—2014)中有关规定执行。

4)砌石工程质量控制内容

(1)控制原材料的质量:审核水泥品种、标号是否符合施工合同规定,核验出厂合格证,复验报告及各项指标是否满足规定要求;审核块石质量(抗压强度、尺寸形状)是否满足设计规定要求。

(2)控制施工工艺质量:审查施工方案能否指导工程施工,施工措施是否满足规定。

(3)砂浆填筑:检查砂浆配合比是否符合设计要求,砌筑施工时砂浆是否饱满,砂浆试块抗压强度是否满足设计要求。

(4)块石质量控制:块石的尺寸、材质要满足设计要求,砌筑质量要严格控制,特别是上、下游砌(碎)石护坡的质量更要严格监控,监理将采取旁站措施控制质量,对不合格的部位坚决拆除重砌。

5)灌浆工程质量控制内容

(1)控制施工工艺质量:审查施工方案能否指导工程施工,施工措施是否满足规定。

(2)原材料控制:控制水泥材料消耗,对水泥进场数量和灌浆消耗量严格检查和统计。

(3)施工设备控制:要求施工设备(测量仪器和仪表等)必须经过质量监督部门率定,承包人必须配备灌浆自动记录仪。

(4)全过程采取旁站监理,对灌浆的各个工序进行严格检查和签证。

6)金属结构制造与安装、机电设备安装质量控制内容

(1)对金属结构实行驻厂监造,重点检查制造商采购的原材料质量是否符合标准,按规范要求进行加工制作,进行构件防腐工艺及效果、构件焊接工艺及焊缝质量、尺寸规格的复核,成品出厂前预组装的检验等。

(2)对采购的机电设备进场时进行严格的开箱检验。

(3)严格控制金属结构、机电设备预埋件位置,保证安装精度要求,按设计要求检查、控制埋设过程。

(4)重点检查金属结构、机电设备安装后试运转的效果,对试运转中出现的问题督促承包商及时整改。

(5)大件吊装前施工单位提交吊装申请单,监理对吊装前各项准备工作确认,在吊装前对启闭设备进行严格验收与试运行,确保安全可靠,并成立现场指挥机构,制定操作细则与应急措施,吊装过程监理旁站监督。

7)防渗墙施工质量控制内容

防渗墙工程是一项隐蔽工程。为了实现防渗墙工程施工质量控制目标,在防渗墙施工

准备阶段、实施阶段和质量检查3个重要质量控制环节需采取系列控制措施、方法和手段。

(1)施工准备阶段质量控制

实施性施工方案审查、进场人员及队伍审查(对实施防渗墙造孔等技术要求较高的作业队伍需进行单独且认真地审查)、施工设备、现场实验室配备、原材料检验、混凝土配合比审批。

(2)实施阶段质量控制

①造孔过程质量控制:孔位、孔深和孔斜,造孔泥浆。

②清孔质量控制:墙段接头、孔底淤泥厚度、清孔换浆。

③混凝土生产及浇筑跟踪控制。

(3)墙体质量检查

8)土坝坝体填筑质量控制内容

(1)机械填筑施工方式的施工质量控制重点是首先进行现场碾压试验,确定施工参数,然后严把"土场、清基、铺料、碾压、检测"五关。

(2)在正式填土前,要求施工单位在现场进行碾压试验,监理人员对碾压试验进行全过程旁站,并审查碾压试验报告。通过碾压试验,确定碾压参数,如铺料厚度、碾压遍数等,供机械填筑施工质量控制时参考。

(3)选定土料场后,由监理人员现场见证取样进行土工试验。试验结果表明土场土质满足设计要求,则同意施工单位施工,施工中决不允许不合格的土料进场。土场开采取土前,料场必须首先进行清基处理,以保证进场土料无杂物。料场土料含水量偏高,要严格控制上坝土料含水量满足规范要求。

(4)对于填筑区的原地面,则要求施工单位必须采用推土机施工和局部辅以人工施工的方式进行彻底清基。

(5)填筑顺序:土料填筑先从低凹处开始,水平分层,逐层铺土,逐层碾压,铺土时及时处理作业段之间的接头,避免出现界沟。

(6)严格执行心墙防渗体土料和反滤料平起摊铺、错缝碾压的规定。严格控制心墙土料的填筑含水量和压实度。严格控制心墙和反滤层的断面尺寸。

(7)在心墙与基础混凝土盖板和连接段混凝土侧墙连接部位,填筑前要在混凝土表面涂刷黏土浆,并用高于最优含水量的高塑性土填筑,除机械碾压外,辅以人工夯实,以保证连接,适应不均匀沉降而不开裂。

(8)在混凝土防渗墙上、下游侧及顶部的一定范围内,采用略高于最优含水量的高塑性黏土对称填筑,以形成高塑性土区,适应坝体的不均匀沉陷变形,而不折断混凝土防渗墙,导致集中渗漏。

(9)碾压时,碾压机械行走方向平行于碾压轴线,碾压机械碾压不到的死角、边角辅以人工夯实。每完成一个层面的土料铺设,均要求施工单位检测清基边线、铺料厚度、铺料边线、压实干密度等。

9)观测仪器埋设质量控制内容

观测仪器埋设前应检查仪器设备型号、规格、编号与设计是否相符,率定和电缆连接等检查是否取得监理工程师的质量检查认证。埋设过程中旁站监理工程师应做到以下工作:

(1)检查仪器埋设位置是否准确。

(2)埋设安装操作程序、工艺和保护措施是否符合规范要求,保证仪器设备的成活率。

(3)如发现埋设过程中出现仪器设备的损坏,及时督促承包商返工或采取补救措施。

(4)作好仪器埋设现场记录。

以上具体控制要求详见各专业监理实施细则。

2.3.3 旁站监理规划

根据监理合同及监理规范的有关规定,本工程需旁站的重要部位及关键工序主要有以下几个方面:

(1)灌浆工程:接触灌浆、固结灌浆、帷幕灌浆施工过程中的注浆过程及压水检查试验。

(2)混凝土工程:混凝土浇筑工序。

(3)防渗墙工程:泥浆下混凝土浇筑、泥浆固化施工、墙段连接处施工。

(4)土石坝填筑工程:黏土心墙与防渗墙接触部位、左右连接段与黏土心墙接触部位。

3 工程进度控制

3.1 工程进度控制内容

(1)依据施工合同约定的工期总目标、阶段性目标控制工程形象进度。

(2)依据控制性总进度计划审批承包人提交的施工进度计划,逐阶段审批年、月施工进度计划。

(3)控制施工进度计划与合同工期和阶段性目标的符合性,各项目之间逻辑关系的正确性与施工方案的可行性,关键路线安排和施工进度计划实施过程的合理性。

(4)控制人力、材料、施工设备资源配置计划和施工强度的适应性,以及本施工项目和其他各标段施工项目之间的协调性。

(5)根据工程进展情况不断调整进度计划和编制赶工计划。

(6)根据工程进展情况,向发包人提出调整控制性进度计划的建议、意见。

3.2 工程进度控制原则

以发包人提出的控制性节点工期为依据,以工程项目的关键路线为主线,实现动态控制,促使工程建设实现合同工期。

3.3 工程进度控制措施及程序

3.3.1 工程进度控制措施

(1)编制描述实际施工进度状况和用于施工进度控制的各类图表,如××水库工程网络图、各单项工程进度横道图。

(2)督促承包人作好施工组织管理,确保施工资源的投入,并按批准的施工进度计划实施。

(3)做好实际工程进度记录及承包人每日的施工设备、人员、原材料的进场记录,并审核承包人的同期记录。

(4)对施工进度计划的实施全过程,包括施工设备、施工条件和进度计划的实施情况进行定期检查,对实际施工进度进行分析和评价,对关键路线的进度实施重点跟踪检查,避免关键路线的拖期,并防止非关键路线变为关键路线。

(5)根据施工进度计划,协调有关参建各方之间关系,定期召开生产协调会议,及时发现、解决影响工程进度的干扰因素,促进工程项目的进展。

(6)定期召开监理工地现场协调会。每周五及每月底为工地协调会议时间,通过会议汇报工程进展情况、影响进度和质量因素、需要采取的解决措施及下一工作时段的工作计划、安排等。

3.3.2　工程进度控制程序

工程进度控制监理工作程序图详见《水利工程施工监理规范》(SL 288—2014)附录C。

4　工程投资控制

4.1　投资控制内容

(1)工程量的计量支付审核。

(2)工程变更的计量与支付审核。

(3)工程索赔事件的审核。

(4)审核工程付款申请,签发工程付款证书。

(5)审核最终付款证书,签发最终付款证书。

4.2　投资控制原则

监理工程师将以施工合同为依据,按监理合同要求做好工程计量、支付控制,审核、控制工程变更,对施工过程中潜在的索赔因素进行认真分析研究,协同业主做好索赔审核和反索赔工作,确保投资控制目标的实现。

4.3　投资控制程序

工程款支付监理工作程序图详见《水利工程施工监理规范》(SL 288—2014)附录C。

4.4　投资控制措施

(1)严格执行预算、测量、计算、统计、结算手续,坚决杜绝假报、虚报、冒领、提前结算、超结算等现象。首先根据工程实际情况严格审查概预算,合理确定单价;再根据设计图纸文件,复核计算设计工程量;然后通过仪器等测量手段,最后根据规程规范规定的允许范围,每月、每年对完成的工程量进行收方计量;最后根据测量、计算和统计结果对竣工图纸进行审查确认,确保工程款结算准确无误。

(2)审核施工组织设计和施工方案,合理开支施工措施费及按合理工期组织施工。根据批准的施工总进度和承包合同价,协助业主编制投资控制性目标及各期的投资计划,并及时审查施工单位的月、季、年用款计划。

(3)做好承包商完成工程量的量测和复核工作。如在基础开挖前对实际地形进行测量,对设计量进行校核,有差别时及时通知设计单位及承包商,并报业主备案。

(4)掌握工程进度,准确测定工程量,严格审核施工单位提交的工程结算书,确保工程款支付与工程形象进度的一致性。

(5)了解设计意图,熟悉设计图纸,分析合同价格的构成因素,找出工程最易突破投资的部位,以明确投资控制的重点。

(6)督促施工单位严格执行合同,避免或减少合同外工程量。对合同外工程或合同变更,要进行严格审查,做好技术、经济的比较,防止投资的不合理增加。

(7)及时了解掌握施工现场的情况,沟通业主与施工单位,以及施工单位相互之间的联系。及时解决施工中出现的一些问题,有预见性地避免或减少索赔事件的发生;一旦发生索赔事件,则要实事求是、公正地予以处理。

(8)熟悉合同文件,熟悉国家和地区性价格政策,了解价差补偿的规定,合理进行工程款结算。严格执行结算、付款的有关程序和制度,防止资金的不当支用。

(9)严格控制工程变更和新增项目,组织相关单位审查确认工程变更及新增项目的可行性、合理性和必要性。

5　安全生产监理工作

(1)督促承包人建立安全组织。工程项目开工前,要求承包人按施工合同文件规定,建立施工安全管理机构和施工安全保障体系。同时,还应督促承包人设立专职施工安全管理人员,以全部工作时间用于施工过程中的安全检查、指导和管理,并及时向监理机构反馈施工作业中的安全事宜。施工单位负责人、项目经理、专职安全员必须持有安全生产考核合格证。

(2)严格审查施工组织设计中有关施工安全措施,并对下列达到一定规模的危险性较大的工程编制专项施工方案,并附具安全验算结果,经施工单位技术负责人签字及总监理工程师核签后实施。

①基坑支护与降水工程;

②土方和石方开挖工程;

③模板工程;

④起重吊装工程;

⑤脚手架工程;

⑥拆除、爆破工程;

⑦围堰工程;

⑧其他危险性较大的工程。

(3)工程施工过程中,监理机构应对施工安全措施的执行情况进行经常性的检查,并经常督促施工单位对企业内部的管理人员进行安全生产教育。

(4)监理机构应根据工程建设合同文件规定和发包人授权,参加施工安全事故的调查并提出处理意见。

(5)汛期前,监理机构应协助发包人审查设计单位制定的防洪度汛方案标准和承包人编写的防洪度汛方案,协助发包人组织安全度汛大检查和做好安全度汛、防汛防灾工作。

6　合同管理

6.1　变更的处理程序及监理工作方法

(1)严格控制设计变更。

(2)经审查的确需工程变更的,如在发包人范围内,可按规定程序发布变更指令;超越授权范围的,应报经发包人批准后按规定程序发布变更指令。

(3)对于设计方提出的变更,应根据现场情况提出审查意见,如变更对工程造价及工程工期产生大幅度的影响,应及时报告发包人。

(4)由发包人批准的设计变更,应由发包人委托原设计单位完成具体的设计变更工作。变更监理工作程序如图5-4所示。

6.2　违约事件的处理

(1)按施工合同要求,及时提请双方,避免违约事件的发生。

(2)对于已发生的违约事件,依据施工合同判断违约责任及后果,督促、要求双方纠正、整改,避免不良后果扩大。

6.3　索赔的处理程序及监理工作方法

(1)采取预防措施,尽量防范索赔事件的发生。

(2)以合同为依据,对各方履约情况进行监督、记录,做好信息管理工作,为索赔处理

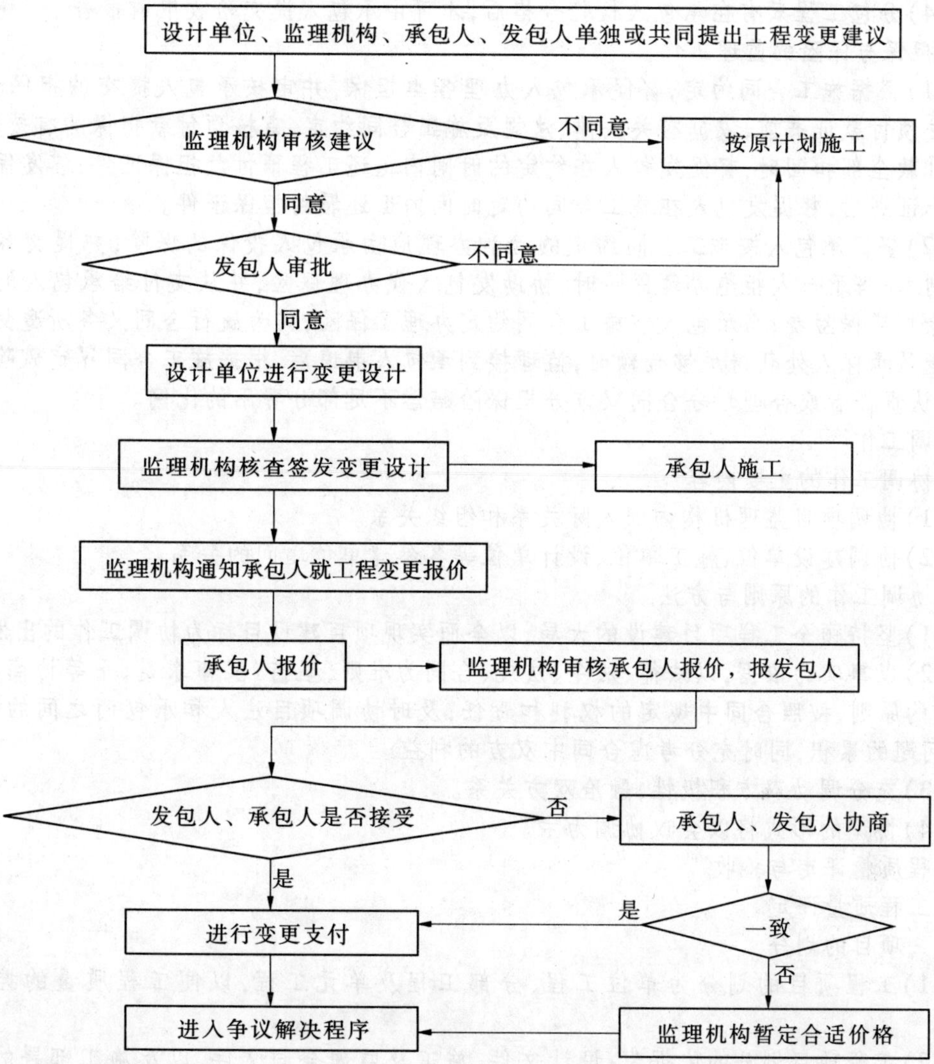

图 5-4　变更监理工作程序

提供依据及证据材料。

(3)维护承包人、发包人双方的合法权益，力争对工程中出现的索赔事件通过协商方式解决，降低损失，有利合作。

(4)分析索赔要求，划清责任界限，协调合同双方，提出索赔处理意见。

(5)索赔处理程序详见《水利工程施工监理规范》(SL 288—2014)附录C。

6.4　分包的管理

(1)审核承包人的分包申请是否在施工合同允许范围内，并报发包人批准。

(2)分包项目经发包人批准后，承包人与分包人签订了分包合同后，监理方批准分包人进入工地。

(3)分包项目的技术方案、开工申请、工程质量检验、工程变更和合同支付通过承包人申报。

(4)分包工程只有在承包人检验合格后,才可由承包人提交验收申请报告。

6.5 担保与保险的监理工作

(1)根据施工合同约定,督促承包人办理各类担保,并审核承包人提交的担保证件;在签发预付款证书前,依据有关法律、法规及施工合同约定,审核预付款担保的有效性;工程预付款全部扣回时,督促发包人在约定的时间内退还工程预付款担保证件;签发保修责任终止证书后,督促发包人在施工合同约定时间内退还履约担保证件。

(2)督促承包人按施工合同约定的险种办理应由承包人投保的保险,并提交各项保险单副本;当承包人拒绝办理保险时,协助发包人代办理保险,并从支付给承包人的金额里扣除相应保险费;当承包人按施工合同约定办理了保险,其为履行合同义务所遭受的损失不能从承保人处获得足够金额时,监理接到承包人申请后,根据施工合同界定风险与责任,确认责任者或合理划分合同双方分担保险赔偿不足部分费用的比例。

7 协调工作

7.1 协调工作的主要内容

(1)协调项目监理机构内部人际关系和组织关系。

(2)协调建设单位、施工单位、设计单位等各参建单位之间的关系。

7.2 协调工作的原则与方法

(1)坚持顾全工程项目建设的大局,以全面实现项目建设目标为协调工作的出发点。

(2)以事实为依据,以法律、法令、法规、合同为准则,坚持"实事求是,平等协商、公正合理"的原则,按照合同中规定的权利和责任,及时协调项目法人和承包商之间的关系,避免问题的累积,同时充分考虑合同中双方的利益。

(3)充分调动双方积极性,融洽双方关系。

(4)协调的形式将以会议协调为主。

8 工程质量评定与验收

8.1 工程质量评定

8.1.1 项目的划分

(1)工程项目的划分为单位工程、分部工程及单元工程,以便工程质量的控制及评定。

(2)工程项目划分的依据为:设计文件、施工及监理合同文件,以及施工部署的要求(包括年度计划、项目法人的要求和施工进度计划安排等)。

(3)项目划分应由项目法人组织设计单位、施工单位及监理单位召开项目划分研讨会,必须由工程设计人员就工程结构特点、工程建设要点及施工部署要求和实施过程须注意的问题进行设计交底,形成共识。

(4)依据《水利水电工程施工质量检验与评定规程》(SL 176—2007)各类项目划分的要求,结合设计文件批复中水工建筑物级别要求及建筑结构等进行工程项目划分,并确定主要单位工程、主要分部工程及重要隐蔽单元工程和关键部位单元工程。

8.1.2 工程施工质量评定的主要依据

(1)国家和水利行业有关施工的规程、规范及技术标准。

(2)《水利水电工程施工质量检验与评定规程》(SL 176—2007)。

(3)经批准的设计文件、施工图纸、金属结构设计图样与技术要求、设计修改通知书、厂家提供的设备安装说明书及有关技术文件。

(4)工程承发包合同中约定的技术标准。

(5)质量监督机构批准的项目划分。

(6)工程施工期及试运行期的试验和观测资料分析成果。

8.1.3　工程质量评定等级

工程施工质量评定等级有"合格"及"优良"两个级别。

8.2　工程验收

(1)法人验收:①分部工程验收;②单位工程验收;③合同完工验收。

上述验收项目在承包人提交验收申请后,监理按照验收规程要求及合同的约定审核其是否具备验收条件,并根据发包人的授权,组织、参与、协助承包人进行工程验收。

(2)政府验收:①枢纽工程导(截)流验收;②水库下闸蓄水验收;③竣工验收(包括竣工技术预验收及竣工验收)。

监理将根据上述整体验收的计划安排,制备验收过程中监理需提交的材料,并派代表参加验收工作。

9　缺陷责任期监理工作

(1)监理机构应监督承包人按计划完成尾工项目,协助发包人验收尾工项目,并按合同约定办理付款签证。

(2)监理机构应监督承包人对已完工程项目中所存在的施工质量缺陷进行修复。在承包人未能执行监理机构的指示或未能在合理时间内完成修复工作时,监理机构可建议发包人雇用他人完成施工质量缺陷修复工作,按合同约定确定责任及费用的分担。

(3)根据工程需要,监理机构在缺陷责任期可适时调整人员和设施,除保留必要的外,其他人员和设施应撤离,或按照合同约定将设施移交发包人。

(4)监理机构应审核承包人提交的缺陷责任终止申请,满足合同约定条件的,提请发包人签发缺陷责任期终止证书。

10　信息管理

10.1　信息管理的主要内容

(1)核实、掌握施工现场的各种情况,详细记录与工程有关的各种活动,及时定向报告。

(2)按时编制、提交监理月报、年报(年度总结)及各类专题报告。

(3)做好监理内部各项资料、文件的收集、传递、分类、归档、管理、查阅工作,制备各阶段验收的监理工作资料,竣工后按有关规定及发包人要求整编监理档案,并移交给发包人。

(4)督促承包人及时按合同要求提交各种施工资料、报表、报告、图纸、文件,在规定时间内审核后批复承包人。

(5)审核各阶段验收要求承包人提交的验收资料,并对其竣工档案的编制进行审核,提交专项审核报告。

10.2　向发包人提供的监理文件

10.2.1　定期的监理文件

定期的监理文件有监理月报、年报,其主要内容有以下几个方面:

(1)本月(年)工程情况描述。

(2)工程质量控制情况。

(3)工程进度控制情况。

(4)工程投资控制情况。

(5)合同管理其他事项。包括本月(年)施工双方提出的问题、监理处理结果和工程分包、变更、索赔、争议等处理情况,以及对存在的问题采取的措施等。

(6)施工安全和环境保护。

(7)监理机构运行状况。

(8)本月(年)监理工作小结。

(9)下月(年)监理工作计划。

(10)本月(年)工程监理大事记。

(11)其他应提交的资料和说明事项等。

监理月(年)报格式详见《水利工程施工监理规范》(SL 288—2014)附表 E。

10.2.2 不定期的监理文件

(1)监理简报,监理专题报告。

(2)工程优化设计、工程变更、施工进度、投资优化调整建议。

(3)工程实施过程中重要事件的报告。

10.2.3 日常监理文件

(1)开(停、复、返)工令、许可证等。

(2)监理通知,协调会审纪要,监理工程师指令、指示,来往信函。

(3)会议纪要。

(4)监理工程师通知单、监理工作联系单。

(5)其他有关本工程的重要来往单等。

10.2.4 工程竣工移交监理成果文件

(1)监理合同协议,监理大纲,监理规划、细则、采购方案,监造计划及批复文件。

(2)设备材料审核文件。

(3)施工进度、延长工期、索赔及付款报审材料。

(4)开(停、复、返)工令、许可证等。

(5)监理通知,协调会审纪要,监理工程师指令、指示,来往信函。

(6)工程材料监理检查、复检、试验记录、报告。

(7)监理日志、监理周(月、季、年)报、备忘录。

(8)各项控制、测量成果及复核文件。

(9)质量检测、抽查记录。

(10)施工质量检查分析评估、工程质量事故、施工安全事故等报告。

(11)工程进度计划实施的分析、统计文件。

(12)变更价格审查、支付审批、索赔处理文件。

(13)单元工程检查及开工(开仓)签证,工程分部分项质量认证、评估。

(14)主要材料及工程投资计划、完成报表。

(15)设备采购市场调查、考察报告。

(16)设备制造的检验计划和检验要求、检验记录及试验、分包单位资格报审表。

(17)原材料、零配件等的质量证明文件和检验报告。

(18)会议纪要。

(19)监理工程师通知单、监理工作联系单。

(20)有关设备质量事故处理及索赔文件。

(21)设备验收、交接文件,支付证书和设备制造结算审核文件。

(22)设备采购、监造工作总结。

(23)监理工作声像材料。

(24)其他有关的重要来往文件。

10.2.5　移交监理档案份数

3份。

10.2.6　施工文件的管理

(1)承包人应依照工程承建合同规定和监理文件要求,报送或递交工程活动全过程的施工文件。施工文件的报送期限、内容、格式和细节应符合发包人和监理的要求。

(2)对于已经批准的施工文件,若因自然条件或施工发生重大变化,或必须对施工文件作实质性的变更,施工单位仍应按上述要求及时提出,重新报监理审批。

(3)合同文件规定由施工单位负责设计的工程项目,施工单位应于项目开工日期(按施工承包合同确定)前一式八份报监理部审批。

(4)承包人编制的施工文件均应一式八份递交监理项目部,并由监理项目部专职人员负责签收,未经审批的施工文件及其审签意见单由发包人指定的资料员向监理项目部领取。

(5)对于应报送审批并业已送达的施工文件,监理项目部将在不长于7天(按施工承包合同确定)内完成审批工作,审批意见包括"照此执行""按意见修改后执行""修改后重新报送"或"已审阅"四种(需重新报送的施工文件根据实际情况附必要的审查意见)。返回施工单位的施工文件审签或批复意见若为"修改后重新报送",承包人必须按有关规定和要求修改后重新报送,并承担由此所造成的施工延误及经济损失等的合同责任。上述施工文件及审批意见应同时报送发包人。

(6)施工文件的报送期限以监理项目部或指定签收人的签收日期为准。该报送期限按合同文件规定执行,若合同文件未作明确规定时,按有关监理实施细则或监理工作规程的要求执行。

(7)监理项目部必须严格按施工承包合同约定的时限完成对施工文件的审核、批复工作,不允许超期情况发生。

10.2.7　发包人指示或向发包人报送的文件

除非发包人另有指示或合同文件另有规定,则:

(1)承包人向发包人报送的施工文件都必须主送监理项目部,并经由监理项目部审核和转达。

(2)发包人关于工程项目施工的主要意见和决策,都将通过监理项目部向承包人下达实施。

10.2.8　监理文件的管理

(1)监理文件的送达时间以承包人授权部门与机构负责人或指定签收人的签收时间为准。

(2)承包人对收到的监理文件有异议,可于接到该监理文件的7天内(以施工合同的约定时间为准,并在实施前)向监理项目部提出确认或要求变更的申请。监理项目部在7天内对承包人提出的确认或变更要求作出书面回复,逾期未予回复表示监理部对原指令予以确认。

(3)属于紧急工程文件的,必须在其左上角一个明显位置加盖“急件”章,受理方应在一个合理的短时间内做出处理。在非常情况下,还可以先通过电话或口头传递文件内容要点,并在随后的8小时内补送书面正式文件。

(4)根据《监理合同》的规定,发包人应在7天内(紧急文件及变更文件3天)就监理书面提交事宜作出书面决定送达监理部。若超期未回复,可视为发包人同意监理项目部的建议。

(5)项目监理除了监督检查施工单位做好施工日记、施工大事记,在现场巡视、值班检查的基础上,还要做好监理日志、监理大事记,并按监理人员分工、分级每周口头向监理项目部汇报,每月25日由项目监理工程师编制监理月报,经总监审签后于下月5日前分别上报发包人及监理单位。做好质量技术资料文档管理,为解决合同纠纷提供依据,并为工程竣工验收提供基础资料。

(6)工程建设过程中,各方来往均以书面文件为准。承包人上报各类文件均一式八份,经监理人审核、审批后与监理意见一并返回承包人三份,报发包人三份,监理项目部留存二份。其中重要的文件,如停工令、返工令、警告及重要通知须上交监理公司一份。监理项目部上报发包人各类文件一式四份,发包人一份,项目监理部留存三份;向承包人下发的各类文件一式七份,承包人三份,抄送发包人一份,项目监理部留存三份。

10.2.9 文件清单及编码系统

10.2.9.1 文件编制

监理表格文件和外部监理协调文件及承包人上报的专用表格文件均为非红头文件,其文号参照《水利工程施工监理规范》(SL 288—2014)中有关规定编制。

10.2.9.2 文件格式

(1)文件标题应当准确简要地概括文件属性与主要内容。

(2)正文内容要条理清楚、层次分明、数据准确、简明扼要、用词规范,必须引用文函的,应先引标题,后引文函号。必须注明日期的,应当写具体的年、月、日。

(3)文件中的数字,除成文时间、层次序数、惯用语、缩略语及具有修辞色彩语句中作为词素的数字使用汉字外,应当使用阿拉伯数字。

(4)须用主题词的,按国家或国家部门发布的公文文件主题词规范选用或缩写。

(5)主送、抄送等单位应用全称或规范化简称,以示尊重。其中,主送单位是指应送达文件的受理单位;抄送单位是指应送达以供其了解文件内容的监理部的上级机关、发包人、监理同级机构或无监理与被监理关系的单位与机构;发送单位是指应送达以供其使用的监理部下级机构和受监理单位。

10.2.9.3 成文日期

成文日期为文件形成时间,通常情况下以签发时间为准。若必须另行报经批准的,以批准签署时间为准。

11 监理实施细则的编制计划

11.1 拟定的监理实施细则

(1)《××水库工程合同管理监理实施细则》。

(2)《××水库工程信息管理监理实施细则》。

(3)《××水库工程建材、试验监理实施细则》。

(4)《××水库工程测量监理实施细则》。

(5)《××水库工程土石方开挖监理实施细则》。

(6)《××水库工程填筑工程监理实施细则》。

(7)《××水库工程摆喷灌浆监理实施细则》。

11.2 编制工作计划

监理实施细则编制计划见表 5-1。

表 5-1 监理实施细则编制计划

序号	监理实施细则内容	编制人/部门	审批人	完成时间
1	工程合同管理监理实施细则	技术组	总监理工程师	进场后5天
2	工程信息管理监理实施细则	技术组	总监理工程师	进场后5天
3	工程建材、试验监理实施细则	技术组	总监理工程师	进场后5天
4	工程测量监理实施细则	现场监理组	总监理工程师	开工前7天
5	土石方开挖监理实施细则	现场监理组	总监理工程师	施工前7天
6	工程填筑工程监理实施细则	现场监理组	总监理工程师	施工前7天
7	工程摆喷灌浆监理实施细则	现场监理组	总监理工程师	施工前7天

12 说明

(1)本《监理规划》报经公司审批并报发包人备案后执行。

(2)本规划未尽事宜,将在合同执行期间不断补充完善。

注:本实例编写结合实际工程,由于目前执行《水利工程施工监理规范》(SL 288—2014),施工工期做了调整,也可能存在不当之处,仅供参考。

【请你完成】

1.监理规划与监理大纲是什么关系?

2.监理规划的作用及主要内容是什么?

3.请你找到一部房屋建筑类的监理规划,对比一下它们各有何特色?

4.你能否找出本任务实例参考中监理规划的不合理之处?

任务三 监理实施细则编写

【请你思考】

项目监理实施细则在时间上总是滞后于项目监理规划,项目监理大纲、监理规划及监理细则是相互关联的,它们是构成项目监理规划系列文件的组成部分。那么,你是否清楚它们之间的关系?监理实施细则对于监理工程师或监理员的具体工作又起到什么作用?在编写监理实施细则时主要依据是什么?

【请你参考】

项目监理实施细则是在监理规划的基础上,根据项目实际情况,由监理工程师负责编制,并经总监理工程师批准,用以实施某一专业工程或专业工作监理的操作性文件。监理实施细则主要类型有:专业工程监理实施细则、专业工作监理实施细则、各种施工作业的安全监理实施细则及原材料、中间产品和工程设备进场校验与验收监理实施细则。

监理实施细则一般应按照施工进度要求在相应工程开始施工前,由专业监理工程师编制并经总监理工程师批准。

编制监理实施细则的主要依据有:国家相关的法律、法规及工程建设相关的规范、规程、标准,监理合同、监理规划及所监理项目相关的合同文件,设计文件,勘察、设计等技术文件,以及工程建设过程中由各方提供的技术资料等。

一、监理实施细则的编写要点

(1)在施工措施计划批准后、专业工程(或作业交叉特别复杂的专项工程)施工前或专业工作开始前,负责相应工作的监理工程师应组织相关专业监理人员编制监理实施细则,并报总监理工程师批准。

(2)监理实施细则应符合监理规划的基本要求,充分体现工程特点和监理合同约定的要求,结合工程项目的施工方法和专业特点,明确具体的控制措施、方法和要求,具有针对性、可行性和可操作性。

(3)监理实施细则应针对不同情况制订相应的对策和措施,突出监理工作的事前审批、事中监督和事后检验。

(4)监理实施细则可根据实际情况按进度、分阶段编制,但应注意前后的连续性、一致性。

(5)总监理工程师在审核监理实施细则时,应注意各专业监理实施细则间的衔接与配套,以组成系统、完整的监理实施细则体系。

(6)在监理实施细则条文中,应具体写明引用的规程、规范、标准及设计文件的名称、文号;当文中涉及报告、报表时,应写明报告、报表所采用的格式。

(7)在监理工作实施过程中,监理实施细则应根据实际情况进行补充、修改和完善。

二、监理实施细则的主要内容

(一)专业工程监理实施细则

专业工程主要指施工导(截)流工程、土石方明挖、地下洞室开挖、支护工程、钻孔和灌浆工程、地基及基础处理工程、土石方填筑工程、混凝土工程、砌体工程、疏浚及吹填工程、屋面和地面建筑工程、压力钢管制造和安装、钢结构的制作和安装、钢闸门及启闭机安装、预埋件埋设、机电设备安装、工程安全监测等,专业工程监理实施细则的编制应包括下列内容:

(1)适用范围。

(2)编制依据。

(3)专业工程特点。

(4)专业工程开工条件检查。

(5)现场监理工作内容、程序和控制要点。

(6)检查和检验项目、标准及工作要求。一般应包括:巡视检查要点;旁站监理的范围(包括部位和工序)、内容、控制要点和记录;检测项目、标准和检测要点,跟踪检测和平行检测的数量及要求。

(7)资料和质量评定工作要求。

(8)采用的表式清单。

(二)专业工作监理实施细则

专业工作主要指测量、地质、试验、检测(跟踪检测和平行检测)、施工图纸核查与签发、工程验收、计量支付、信息管理等工作,可根据专业工作特点单独编制。根据监理工作需要,也可增加有关专业工作的监理实施细则,如进度控制、变更、索赔等。专业工作监理实施细则的编制应包括下列内容:

(1)适用范围。

(2)编制依据。

(3)专业工作特点和控制要点。

(4)监理工作内容、技术要求和程序。

(5)采用的表式清单。

(三)施工项目安全监理实施细则

施工现场的临时用电和达到一定规模的基坑支护与降水工程、土方和石方开挖工程、模板工程、起重吊装工程、脚手架工程、爆破工程、围堰工程和其他危险性较大的工程应编制安全监理实施细则,安全监理实施细则应包括下列内容:

(1)适用范围。

(2)编制依据。

(3)施工安全特点。

(4)安全监理工作内容和控制要点。

(5)安全监理的方法和措施。

(6)安全检查记录和报表格式。

(四)校验和验收监理实施细则

原材料、中间产品和工程设备进场校验及验收监理实施细则,可根据各类原材料、中间产品和工程设备的各自特点单独编制,应包括下列内容:

(1)适用范围。

(2)编制依据。

(3)检查、检测、验收的特点。

(4)进场报验程序。

(5)原材料、中间产品检验的内容、技术指标、检验方法与要求。包括原材料、中间产品检验的内容和要求,检测项目、标准和检测要求,跟踪检测和平行检测的数量及要求。

(6)工程设备交货验收的内容和要求。

(7)检验资料和报告。

(8)采用的表式清单。

【实例参考】

在一个工程建设项目中,监理工程师将针对不同工作内容编制出相应监理实施细则,现列举专业工程监理实施细则,仅供参考。

××水库工程土石方明挖工程监理实施细则

1　总则

1.1　本细则适用范围

本细则适用于××水库工程土石方明挖工程,其他土石方明挖工程项目,如采石料场、土料场开挖或开采等可参照执行。

1.2　本细则编制依据

(1)《水工建筑物岩石基础开挖工程施工技术规范》(DL/T 5389—2007)。

(2)《水利水电工程施工测量规范》(SL 52—2015)。

(3)《水利水电建设工程验收规程》(SL 223—2008)。

(4)《爆破安全规程》(GB 6722—2014)。

(5)《水工建筑物地下开挖工程施工技术规范》(SL 378—2007)。

(6)《水利水电工程施工质量检验与评定规程》(SL 176—2007)。

(7)工程施工合同文件及监理合同文件。

(8)工程设计文件图纸和技术要求及其他设计文件。

2　施工准备工作监理

2.1　承包人开工前14天,应向监理机构报送土石方工程施工措施计划,内容应包括:

(1)开挖平面布置图、开挖分层分块图。

(2)施工进度计划。

(3)施工设备配置和劳动力安排。

(4)施工组织、管理机构和现场施工、质检、试验、测量人员配备情况。

(5)场内风、水、电供应措施。

(6)主要开挖方法及开挖程序。

(7)质量、安全及环保措施。

(8)防汛及排水措施

(9)岩石开挖的爆破设计及爆破试验计划。

2.2　监理机构接到施工措施计划后7天之内批复给承包人,承包人接到批复后方可进行施工。

2.3　在施工放样前7天,承包人应向监理机构报送施工测量措施计划,经批准后执行。同时,应完成施工测量控制网的加密工作,其成果报送监理机构进行审核。

2.4　承包人在单位(或分部)工程开工前,应对项目施工区原始地形进行测量,其成果资料,包括平面图、断面图及测量纪录,应报监理机构审核。施测时监理将进行现场旁站,也可与承包人共同测量,并呈报业主备案。

2.5　承包人在完成所有施工准备后,即可向监理机构提交分部工程开工申请报告。监理机构在接受承包人申请后,按照施工合同有关条款,对施工各项准备工作进行全面检查。当所有准备满足开工要求时,即可签发分部工程开工通知。

2.6　如果承包人未能按期向监理机构报送上述文件,由此造成施工延误和其他损失由承包人承担合同责任。

2.7　上述报送文件连同审签意见单一式八份，经承包人项目经理签署并加盖公章后报送。监理机构审阅后限时返回审签意见。

3　施工过程监理

3.1　施工过程中，承包人应按报经批准的施工措施计划和施工技术规范按章作业、文明施工，加强质量和技术管理，做好原始资料的记录、整理。当发现作业效果不符合设计和施工技术规程、规范要求时，应及时修订施工措施计划或调整参数，报送监理机构批准后执行。

3.2　在正式进行爆破施工作业前，应根据上报的爆破设计参数进行爆破试验，根据爆破试验结果，再行调整施工作业参数并上报监理审批，审批后的施工参数即为正式施工作业参数。

3.3　施工过程中，承包人应随施工作业进展做好施工测量工作，包括下述内容：

(1)根据设计图纸和施工控制网点进行测量放样，在施工过程中，及时测放、检查开挖断面及控制开挖面高程。

(2)测绘开挖前后的地形、断面资料，如原始地面、开挖施工场地布置、土石方分界、竣工建基面等纵、横断面图。

(3)月收方测量资料。

(4)提供工程各阶段和完工后的土石方测量资料。

3.4　为确保测量放样质量，避免造成重大失误和不应有的损失，监理机构可要求承包人在测量专业监理直接监督下进行对照检查与校测。但专业监理所进行的任何对照检查与校测，并不意味着可以减轻承包人对保证测量放样质量所应负的合同责任。

3.5　岩石开挖过程中承包人应按照“三检制”要求，对爆破孔的放样测量、钻孔、装药，爆破网络连接、爆破震动监测、爆破质量等进行全过程的质量检查与控制，现场监理按照要求进行旁站及抽检，爆破各工序(放样、钻孔、装药、联线)验收合格，经承包人质检负责人签证并签发准爆证后方可爆破。

3.6　承包人应坚持“安全生产、质量第一”的方针，建立健全质量保证体系，加强质量管理。施工过程中，坚持“三员”(施工员、安全员、质检员)到位和“三级”自检制度，确保工程质量。

3.7　开挖应自上而下进行，某些部位如必须采用上下同时开挖方法作业，或按合同必须利用的开挖料，应采取有效的安全和技术措施，并于事先报经监理机构批准。

3.8　施工过程中发现工程地质、水文地质条件变化或其他实际条件与设计条件不符时，承包人应及时将有关资料报送监理机构。

3.9　当发生边坡滑塌，或观测资料表明边坡处于危险状态时，承包人应：

(1)及时向监理机构报告并采取相应的防范措施，防止事故或事态范围的扩大和延伸。

(2)记录事故或事态的发生、发展过程和处理经过，并及时报送监理机构。

(3)会同发包人、设计、地质、监理单位查明原因，及时提出处理措施，报监理机构批准后执行。

3.10　施工过程中，承包人若：不按批准的施工措施计划实施，或违反国家有关技术规范、爆破安全规程和劳动保护条例施工，或不按规定的路线、场区出渣、弃渣、进行有用料堆存,或因不当排污造成对环境的污染,或其他违反工程承建合同文件的情况,监理机构有权采取口头违规警告、书面违规警告,直至返工、停工整改等方式予以制止,由此造成的一切经济损失和合同责任,均由承包人承担。

3.11 基础和岸坡开挖完成后,承包人应及时完成施工区域的测量工作,并依照合同文件规定或按监理机构的指示,给地质编录、现场测试等工作创造工作环境。

4 施工质量控制

4.1 开挖轮廓应满足下列要求:

(1)符合施工详图所示的开口线、坡度和高程的要求。

(2)如某些部位按施工详图开挖后,仍有岩石不能满足稳定、强度要求,或设计要求有变更时,承包人必须按监理机构、发包人、设计单位商定的要求,继续开挖到位。

(3)最终开挖超、欠挖值满足规范要求;坡度不得陡于设计坡度。

4.2 除非监理机构另有指示,凡是需采用钻爆法开挖的周边爆破,均应沿设计开挖轮廓面采用预裂爆破和光面爆破。如果岩坡坡度较缓,不具备或不能进行沿开挖轮廓面钻孔时,则应采用预留斜面保护层开挖方法。

4.3 预裂爆破和光面爆破效果,除其开挖质量应符合相应单元工程质量检验标准外,还应符合下列要求:

(1)在开挖轮廓面上,残留炮孔痕迹均匀分布。残留炮孔痕迹保存率,对于较完整岩体应达到80%以上,对于节理较发育岩体应达到50%以上,对于节理发育岩体应达到50%~10%以上。

(2)相邻两炮孔间岩石不平整度不应大于15 cm,炮孔壁不应有明显的爆破裂痕。

4.4 对于开挖完成的岩基建基面和坡面应进行清理和整修,并达到下述要求:

(1)岩面无松动岩块、小块悬挂体及爆破影响裂隙。

(2)建基面及坡面的风化、破碎、软弱夹层和其他有害岩脉按设计要求进行了处理。

(3)开挖坡面稳定,无松动岩块且不陡于设计边坡。

(4)岩面轮廓无反坡,陡坎顶部应削成钝角或圆滑状。

4.5 整修不得造成岩体进一步滑坡和损坏,整修后开挖面的起伏差一般不应超过20 cm。

4.6 爆破震动需按下列要求控制:

(1)在建筑物附近,距每个建筑物最近点半径为60 cm处测得的质点速度不得超过100 mm/s,在半径30 cm处测得的质点峰值速度不得超过50 mm/s。

(2)对浇筑不到24小时的混凝土或灌注不到24小时的灌浆,不应在30 m内进行爆破。

(3)混凝土浇筑或灌浆不足72小时,在混凝土面测得的最大质点速度不得超过25 mm/s。

(4)除以上情况外,爆破震动质点震速应符合设计及规范要求。

4.7 对于在外界环境作用下极易风化、软化和冻结的软弱基岩层面,若其上部建筑物暂时未能施工覆盖时,应按设计文件和合同技术规范要求进行保护处理。

4.8 边坡开挖完成后,应及时进行保护。对于高边坡或岩体可能失稳的边坡应按合同或设计文件规定进行边坡稳定监测,以便及时判断边坡的稳定情况和采取必要的加固措施。

5 工程验收

5.1 基础验收时,承包人应提供(但不限于)以下资料:

(1)基础竣工地形图(图上应标明建筑物实际基面的平面位置、分块缝和重要的基础埋件位置)。

(2)与施工详图同位置、同比例的基础竣工纵、横剖面图。在开挖中有变化的部位应增测剖面图。

(3)基础竣工地质报告及主要工程照片。

(4)基础施工测量技术报告(包括建筑物实测坐标、高程与设计坐标、高程比较表等有关资料的说明)。

(5)基础竣工报告(主要反映与施工质量有关的开挖爆破基础处理及质量评价)。

(6)开挖施工报告(主要包括施工过程、施工技术、工程变更、施工违规、违约情况、工期、质量、合同支付情况等)。

(7)开挖设计图纸及设计文件(包括修改图、修改通知和设计变更文件或此类图纸、文件的文图号)。

(8)施工原始记录资料应整编成册。

(9)其他必须准备报送的材料与资料。

5.2 单元工程验收时,提供的资料可适当简化。

6 工程计量与支付

6.1 土方明挖的计量和支付应按不同工程项目及施工图纸所示的不同区域和不同高程分别列相,以立方米为单位计量,并按《工程量清单》中各相应项目的每立方米单价进行计量和支付。

6.2 石方开挖按下列办法进行计量与支付:

(1)若按发包人要求将表土覆盖层和石方分别开挖时,应以现场实际的地形和断面测量成果,分别以每立方米为单位,计算表土覆盖层和石方明挖工程量,分别按《工程量清单》中所列项目的每立方米单价支付。

(2)若发包人不要求对表土覆盖层和石方分别开挖时,其土石方开挖的支付应以现场实际的地形和断面测量成果,经监理机构对地形测量和地质情况进行鉴定后确定的土石方比例,以每立方米为单位计量,并分别按《工程量清单》中所列项目的土方和石方的每立方米单价进行计量和支付。

6.3 土方开挖中,超出支付线的任何超挖工程量的费用均已包括在《工程量清单》所列工程量的每立方米单价中,发包人不再另行支付。

6.4 除施工图纸中标明或监理机构指定作为永久性的排水工程的设施外,一切为土石方明挖所需的临时性排水费用(包括排水设备的采购、安装、运行和维修等),均已包括在《工程量清单》相应开挖项目的单价中,不单独列项支付。

6.5 除合同另有规定外,承包人对土料场或砂砾料场进行复核和复勘的费用及取样试验所需的费用,均已包括在《工程量清单》各开挖项目的每立方米单价中。

6.6 以上规定若与标的合同不符,以标的合同为准。

【请你完成】

1. 监理实施细则的类型主要有哪些?
2. 监理实施细则编制的要点有哪些?
3. 如果你是一名刚上岗的监理员,请问你应如何对待监理实施细则?
4. 请找出本任务实例参考中实施细则编写的不理想之处并加以改进。

任务四 监理报告编写

【请你思考】

你认为监理报告就是监理单位发出的报告吗?你认为监理报告是否有固定的格式和内容要求?

【请你参考】

监理报告是建设单位、监理工程师、施工单位之间的表格或报告的总称。这是监理工程师执行管理监督工作的主要工具。本任务着重讲解的是由监理工程师编写或发出的监理报告。

一、监理报告的编写要求

(1)在施工监理实施过程中,由监理机构提交的监理报告包括监理月报、监理专题报告、监理工作报告。

(2)监理月报应全面反映当月的监理工作情况,编制周期与支付周期同步,在约定时间前报送发包人和监理单位。

(3)监理专题报告应针对施工监理中某项特定的专题编写。专题事件持续时间较长时,监理机构可提交关于该专题事件的中期报告。

(4)在各类工程验收时,监理机构应按规定提交相应的监理工作报告。监理工作报告应在验收工作开始前完成。

(5)总监理工程师应负责组织编制监理报告,审核后签字盖章。

(6)监理报告应真实反映工程或事件状况、监理工作情况,做到内容全面、重点突出、语言简练、数据准确,并附必要的图表和照片。

二、监理月报的主要内容

监理月报是由总监理工程师组织编制,送交建设单位,以便建设单位了解工程的全面状况,进而及时做出有关决策和计划的报告。监理月报应真实反映工程现状和监理工作情况,做到数据准确、重点突出、语言简练,并附必要的图表和照片。监理月报的主要内容如下:

(1)本月工程施工概况(对本月施工内容的概括性描述)。

(2)工程质量控制情况。包括本月工程质量状况及影响因素分析、工程质量问题处理过程及采取的控制措施等。

(3)工程进度控制情况。包括本月施工资源投入、实际进度与计划进度比较、对进度完成情况的分析、存在的问题及采取的措施等。

(4)工程资金控制情况。包括本月工程计量、工程款支付情况及分析,本月合同支付中存在的问题及采取的措施等。

(5)施工安全监理情况。包括本月施工安全措施执行情况,安全事故及处理情况等。

(6)文明施工监理情况。包括本月工地文明施工相关措施执行情况,施工环境维护情况及对出现问题所采取的措施等。

(7)合同管理的其他工作情况。包括本月施工合同双方提出的问题、监理机构的答复意见及工程分包、变更、索赔、争议等处理情况，对存在的问题采取的措施等。

(8)监理机构运行状况。包括本月监理机构的人员及设施、设备情况，尚需发包人提供的条件或解决的情况等。

(9)监理工作小结。包括对本月工程质量、进度、计量与支付、合同管理其他事项、施工安全、监理机构运行状况的综合评价。

(10)存在问题及有关建议。

(11)下月工作安排。包括监理工作重点，在质量、进度、投资、合同其他事项和施工安全等方面需采取的预控措施等。

(12)监理大事记。

(13)附表(合同完成额月统计表、工程质量评定月统计表、工程质量平行检测试验月统计表、变更月统计表、监理发文月统计表、监理收文月统计表)。

三、监理专题报告的主要内容

监理专题报告是用于汇报专题事件情况并建议解决的或对专题事件处理实施情况的报告。其中，用于汇报专题事件实施情况的监理专题报告主要包括下列内容：

(1)事件描述。

(2)事件分析。包括事件发生的原因及责任分析、事件对工程质量影响分析、事件对施工进度影响分析、事件对工程资金影响分析、事件对工程安全影响分析。

(3)事件处理。包括承包人对事件处理的意见、发包人对事件处理的意见、设计机构对事件处理的意见、其他单位或部门对事件处理的意见、监理机构对事件处理的意见、事件最后处理方案或结果(如果为中期报告，应描述截至目前事件处理的现状)。

(4)对策与措施(为避免此类事件再次发生或其他影响合同目标实现事件的发生，监理机构的意见和建议)。

(5)其他应提交的资料和说明事项等。

四、监理工作报告的主要内容

在对某一工程项目监理过程中，当某一单位工程验收时，监理机构应按规定在验收工作开始前提交相应的报告。监理工作报告的主要内容如下：

(1)工程概况。包括工程特性、合同目标、工程项目组成等。

(2)监理规划。包括监理制度的建立、监理机构的设置与主要工作人员、检测采用的方法和主要设备等。

(3)监理过程。包括监理合同履行情况和监理过程情况。

(4)监理效果。包括质量控制监理工作成效、进度控制监理工作成效、资金控制监理工作成效、施工安全监理工作成效、文明施工监理工作成效。

(5)工程评价。

(6)经验与建议。

(7)附件。包括监理机构的设置与主要工作人员情况表、工程建设监理大事记。

【实例参考】

实例一　监理月报编写

JL25

监　理　月　报

（××监理［2015］月报05号）

2015年第5期

2015 年 9 月 26 日至 2015 年 10 月 31 日

工　程　名　称：××河水利枢纽工程

发　　包　　人：××自治县××河水利枢纽建设局

监　理　机　构：××水利工程建设监理有限公司××河水利枢纽工程监理部

总监理工程师：×××

日　　　　期：2015年10月31日

目　录

1. 本月工程施工概况(略)
2. 工程质量控制情况(略)
3. 工程进度控制情况(略)
4. 工程资金控制情况(略)
5. 施工安全监理情况(略)
6. 文明施工监理情况(略)
7. 合同管理等其他工作情况(略)
8. 监理机构运行情况(略)
9. 监理工作小结(略)
10. 存在问题及有关建议(略)
11. 下月工作安排(略)
12. 监理大事记(略)
13. 附表

(1)合同完成额月统计表

(2)工程质量评定月统计表

(3)工程质量平行检测试验月统计表

(4)变更月统计表

(5)监理发文月统计表

(6)监理收文月统计表

JZ25 附表 1

合同完成额月统计表

(××监理[2015]完成统005号)

标段	序号	项目编号	一级项目	合同金额(元)	截至上月末累计完成额(元)	截至上月末累计完成额比例	本月完成额(元)	截至本月末累计完成额(元)	截至本月末累计完成额比例
××河水利枢纽工程	1	1	建筑工程	89 556 635.18	33 268 079	37.15%	4 395 771.7	37 663 850.7	42.06%
	2	3	金属结构	6 884 700	623 304	9.05%	336 456	959 760	13.94%
	3	4	临时工程	2 212 047.69	133 477.3	6.03%	78 778.5	212 255.8	9.60%
	4	5	环保工程	286 773.26	46 724.73	16.29%	24 556.3	71 281.03	24.86%
	5	6	水保工程	1 789 280.4	12 253.41	0.68%	11 215.2	23 468.61	1.31%
	6	7	措施费	300 000	201 900	67.30%	54 896	256 796	85.60%

监理机构：××水利工程建设监理有限公司

××河水利枢纽工程监理部

总监理工程师/监理工程师：×××

日　　期:2015 年 10 月 28 日

说明:1. 本表一式 ____ 份,由监理机构填写。

2. 本表中的项目编号是指合同工程量清单的项目编号。

JZ25 附表 2

工程质量评定月统计表

（××监理[2015]评定统 005 号）

序号	标段名称	单位工程				分部工程				单元工程				备注
		合同工程单位工程个数	本月评定个数	截至本月末累计评定个数	截至本月末累计评定比例	合同工程分部工程个数	本月评定个数	截至本月末累计评定个数	截至本月末累计评定比例	合同工程单元工程个数	本月评定个数	截至本月末累计评定个数	截至本月末累计评定比例	
1	××河水利枢纽工程	5	0	0	0	45	4	16	35.6%	1 531	38	308	20.1%	

监理机构：××水利工程建设监理有限公司

××河水利枢纽工程监理部

总监理工程师/监理工程师：×××

日　　期:2015 年 10 月 28 日

说明:本表一式____份,由监理机构填写。

JZ25 附表3

工程质量平行检测试验月统计表

(××监理[2015]平行统006号)

标段	序号	单位工程名称及编号	工程部位	平行检测日期	平行检测内容	检测结果	检测机构
××河水利枢纽工程	1	拦河坝工程(编号Ⅰ)	右岸10#~16#挡水坝段混凝土浇筑	10月9日	混凝土的抗压及抗冻强度	合格	××工程质量检测中心
	2	水电站厂房工程(编号Ⅲ)	1#机组水工部分混凝土浇筑	10月10日	混凝土的抗压及抗渗强度	合格	××工程质量检测中心
	3	(以下略)					

监理机构:××水利工程建设监理有限公司
××河水利枢纽工程监理部
总监理工程师/监理工程师:×××
日　期:2015年10月28日

说明:本表一式____份,由监理机构填写。

JZ25 附表 4

变更月统计表

（××监理[2015]变更统 005 号）

标段	序号	变更项目名称/编号	变更文件、图号	变更内容	价格变化	工期影响	实施情况	备注
××河水利枢纽工程	1	拦河坝工程12#坝基础石方开挖	变更申请报告	因地质原因，需加深对该部位的石方开挖	4 744.00 元	2 天	按期完成	

监理机构：××水利工程建设监理有限公司
××河水利枢纽工程监理部
总监理工程师/监理工程师：×××
日　　期：2015 年 10 月 28 日

说明：本表一式____份，由监理机构填写。

JZ25 附表5

监理发文月统计表

(××监理[2015]发文统005号)

标段	序号	文号	文件名称	发送单位	抄送单位	签发日期	备注
××河水利枢纽工程	1	××监理[2015]报告009号	监理报告	××建设有限公司××河水利枢纽工程项目经理部	××自治县××河水利枢纽建设局	10月18日	
	2	(以下略)					
	3						
	4						
	5						

监理机构:××水利工程建设监理有限公司

××河水利枢纽工程监理部

总监理工程师/监理工程师:×××

日　　期:2015年10月28日

说明:本表一式____份,由监理机构填写。

JZ25 附表 6

监理收文月统计表

（××监理[2015]收文统 005 号）

标段	序号	文号	文件名称	发文单位	发文日期	收文日期	处理责任人	处理结果	备注
××河水利枢纽工程	1	××建设[2015]变更 01 号	变更申请报告	××建设有限公司××河水利枢纽工程项目经理部	2015 年 10 月 8 日	2015 年 10 月 9 日	×××	查收	
	2	（以下略）							
	3								
	4								

监理机构：××水利工程建设监理有限公司

××河水利枢纽工程监理部

总监理工程师/监理工程师：×××

日　　期：2015 年 10 月 28 日

说明：本表一式____份，由监理机构填写。

实例二　监理工作报告编写实例

××河近期治理工程监理工作报告

1　工程概况

(略)

2　监理规划

为使监理工作规范化,××监理有限公司中标后成立了××河近期治理工程项目监理部,全面履行监理合同所赋予的职责和义务。在工程项目承包人进场后于××年××月进驻工地,全面开展建设监理工作。为搞好工程的施工监理工作,完成工程建设监理任务,确保合同目标的实现,针对本工程的特点,依据国家关于工程建设管理的有关规定、规范、规程、合同文件,监理部编制了《××河近期治理工程建设监理规划》《××河近期治理工程监理实施细则》,制定了工作制度和管理制度,明确了监理工作程序、工作制度和工作方法。

2.1　监理主要依据

(略)

2.2　监理组织机构设置

根据××河近期治理工程建设管理局与××监理有限公司签定的工程建设监理合同,××监理有限公司组建了××监理有限公司××河近期治理工程项目监理部(简称监理部),监理部实行总监理工程师负责制。监理工作的组织形式为直线式,按照施工作业标段设置驻地监理组,在总监理工程师的统一领导下开展工作,监理人员实行动态管理,根据施工阶段及时调整相应专业监理人员,以满足施工现场监理工作的需要。监理部人员实行总监理工程师、监理工程师、监理员三级管理。

监理部由1名总监理工程师、2名副总监理工程师、10名监理工程师及10名监理员组成。

2.3　监理目标

监理工程师将对工程项目的目标分解到单元工程、分部工程、单位工程中去。通过目标动态管理,达到以下目标。

2.3.1　工期目标

达到施工承包合同的总工期要求。

2.3.2　工程质量目标

(1)监理服务100%符合建设监理法律法规。

(2)合同履约率100%。

(3)监理责任事故为0。

(4)客户满意率达到90%,并逐年提高。

2.3.3　投资控制目标

工程造价按施工承包合同总价进行控制,控制工程投资在批准的概算内完成,力争节约。通过严格控制防范索赔、实施合理化建议等,有效降低工程成本。

2.4　监理工作制度

监理工作制度是监理工作的保证,是抓好投资控制、工期控制、质量控制的前提,为合同管理和信息管理提供了重要依据,因此要严格遵守执行。监理工作制度包括下列内容:

(1)技术文件审核、审批制度。

(2)原材料、构配件和工程设备检验制度。

(3)工程开工批准制度。

(4)监督检查施工单位质量、安全保证体系的建立健全和运转情况的制度。

(5)工程质量检验制度。

(6)会议制度。

(7)施工现场紧急情况报告制度。

(8)工程计量付款签证制度。所有申请付款的工程量均应进行计量并经监理机构签证。未经监理机构签证的付款申请,发包人不应支付。

(9)工作报告制度。

(10)工程验收制度。

2.5　监理工作方法

(1)现场记录。

(2)书面指令文件手段。

(3)旁站监理。

(4)巡视检查。

(5)跟踪检测。

(6)平行检测。

(7)实行质量认可制。

(8)规范工作程序。

(9)坚持审核制原则。

(10)协调。

2.6　检测采用的设备和方法

1)主要检测设备

发包人委托××水利工程质量检测中心站为第三方实验室,监理对各承包人原材料、中间产口的检测试验,均送往××水利工程质量检测中心站进行检测。监理部配备的检测设备有拓普康全站仪、混凝土回弹仪、混凝土坍落度筒、米尺、幺重盒、天平等。对于承包人的所有检测设备和仪器,监理部要求必须定期进行率定和校正,以保证设备仪器始终处于良好的工作状态,使之测量的结果合理、准确。

2)检测采用的方法

监理质量检查是监理过程控制及单元工程质量等级核定的必要手段,它贯穿于工程施工全过程,是确保原始数据公正、准确、独立与及时,并且给工程一个公正、客观评价的依据。质量检查采用监理随机抽检或与施工单位有关技术人员进行联合测试,主要采用的检测方法有如下三种:

(1)外观检查。包括观察、目测和手摸检查,如基础清理与处理。

(2)量测检查。重点检查护砌边坡,铺料厚度、宽度,建筑物的尺寸、强度等。

(3)材料试验与工程质量抽样检验。采用试验设备进行抽检,如混凝土强度等项目的检查。

3　监理过程

3.1　工程质量控制

质量控制是监理工作的核心工作之一,质量控制实行质量负责制,要求监理工程师(员)严格按施工监理程序进行监理,加强事前控制和事中控制,对工程质量检查要全面、具体,对影响工程质量的每个工序要仔细检查,把好工程检查、验收关。

1)编制监理细则,强化监理程序

质量控制是监理工作的重要任务之一。为此,监理部根据有关施工规范、规程、设计文件、工程质量评定及验收规程等,编制了该工程施工阶段监理实施细则,制订了开工、原材料及半成品质量签认、现场设备签认、工程质量控制流程、隐蔽工程及分部工程签认、工程质量事故处理、工程停工复工及计量支付等监理工作程序,进行了单位工程、分部工程、单元工程项目划分,统一了工程用表,在工程实施过程中,使质量控制有章可循。

2)审查施工组织设计、施工方案和施工计划

施工组织设计和施工方案是施工单位按照有关程序和规范要求开展施工的有力保证,是控制施工随意性的重要文件。为此,监理部要求施工单位及时报送施工文件和施工方案,并着重审查其施工程序、工艺、方案,以及对工程质量、施工工期和工程支付的影响。通过严格执行合同规范,促进了承包方的质量意识,确保了工程质量目标的实现。

3)完善施工质量保证体系

监理部重点审查施工质量管理组织机构、质量保障措施、人员资质,督促施工单位建立健全质量保证体系,建立三级检验制度,成立工地实验室,制订各项规章制度,明确专(兼)职质检机构与人员,检查质量检测程序、手段、方法是否合理,仪器、设备能否满足要求。

4)组织学习,加强质量横向比较,提高质量管理意识和水平

在施工过程中,要求项目部加强施工质量横向比较,提高施工单位的质量管理意识和水平。施工单位通常仅进行纵向比较,即施工质量以其完成并通过验收的工程为标准。为克服承包方的自满心态,提高质量控制意识和水平,多次组织承包方相互学习交流,取长补短,进行工程质量比较,以此来提高工程质量。

5)认真熟悉图纸、做好技术交底

工程设计图纸是工程项目的法律性文件,是工程施工的依据。监理部在收到图纸后,认真掌握、熟悉图纸,做好图纸会审,加盖监理部章后,作为监理工程师图纸,交付承包方使用。施工前,组织设计交底会议,如发现问题或对设计意图不明白,请现场设计人员进行设计交底或解释,确保工程顺利实施。施工中,如承包方要求对设计方案作局部修改或优化,需提出书面申请交监理工程师审查,并经建管处批准后,由设计单位编写设计变更通知单或工程变更单,再由监理工程师签发给承包方执行。

6)施工过程管理

质量控制实行以"单元工程为基础,工序控制为手段"的标准化、程序化管理。单元工程质量检测实行承包方自检、监理抽检双控制度。承包方首先必须对工序质量进行自

检,并及时报验有关资料,监理工程师现场检查,对达不到质量要求或设计标准的,要及时进行调整或返工处理。对符合设计及有关规范要求的,现场监理工程师及时对其核定,并签字认可,方可进行下道工序施工。在施工过程中,监理人员在现场不断进行巡视检查、旁站监理或现场监督,对重点部位及薄弱环节(工序),则采用现场旁站的办法,确保了工程质量达到预期目标。

7)施工质量检验及验收

工程质量的检查验收是检验工程是否达到设计要求和规程、规范要求质量标准的必要手段,也是工程质量等级评定的重要依据。每个单元工程或重要工序开工前,要求承包方必须在自检合格后,报送自检资料,提出验收申请。监理部在收到各种验收资料后,首先按规范和图纸要求进行核对和审查,并现场进行复验检查,验收合格进入下一道工序,不合格重新处理,再行验收,直到合格为止,然后再核定工序或单元工程质量等级。对隐蔽工程或重要工程部位,由监理部组织建管处、设计单位、施工单位和监理单位等有关人员到现场进行联合检验,这样既保证了工程质量和工程安全,又保证验收资料的真实性和可靠性。

施工阶段是形成工程质量的关键环节,监理部全体工作人员把施工质量控制作为实施项目监理的中心任务,依据合同约定,严格按照规范、技术标准和合同文件,对工程质量进行控制。我们的目标是:控制工程质量全部合格,争创优良工程。

监理部进驻工地后,立即组织全体监理人员认真学习国家《建设工程质量管理条例》和水利部《水利工程质量管理规定》等各种施工规范,提高工程质量意识,牢固树立"质量重于泰山,安全高于一切"的思想,坚持"预防为主、防检结合"的方针,明确各自的岗位职责。督促承包人建立全面质量保证体系,同时建立监理内部的质量管理体系,确保监理目标的实现。

工程开工后,各个工程项目、各个施工工序,都严格按照要求进行施工,最终达到总体质量优良的目标。在工程施工过程中,建立和健全质量控制体系,并在监理工作过程中不断改进和完善。监理机构监督承包人建立和健全质量保证体系,并监督其贯彻执行。按照有关工程建设标准和强制性条文及施工合同约定,对所有施工质量活动有关的人员、材料、工程设备和施工设备、施工工法和施工环境进行监督和控制,按照事前审批、事中监督和事后检验等监理工作环节控制工程质量。按有关规定或施工合同约定,核查承包人现场检验设施、人员、技术等情况。

对承包人从事施工、安全、质检、材料等岗位和施工设备操作等需要持证上岗的人员的资格进行验证和认可。对不称职或违章、违规人员,要求承包人暂停或禁止其在本工程中工作。

对本工程的原材料、中间产品等进行严格控制,坚持先检验后使用的原则,对主材生产厂家和进货渠道,主要选择国家正规厂家和厂家直销产品。本期主要的水泥、砂、石子、块石的选择,首先对材料的外观质量进行检查,送到发包人委托的××水利基本建设工程质量检测中心站实验室对材料进行质量复检,质量复检合格后,监理工程师签字认可后投入使用,每批次规格的材料都要逐一复检,以确保使用材料达到国家规定的标准。

对施工控制网进行监测,对控制网点、基础开挖高程、断面尺寸等在施工单位完成测量后进行复测,确保高程断面尺寸无误。对测量成果进行签认,必要时参加联合测量,共同签认测量成果。在施工过程中,工程任何部分的位置、高程、尺寸均应在误差范围内。采用测量、试验、旁站监理、跟踪检测、平行检测的方法进行质量控制。

施工过程中,我们从工序质量控制开始,实行工序签证制,每道施工工序完工后承包单位首先进行"三检",合格后填写单元工程施工质量报验单,报监理工程师审核,监理人员通过检查试验合格后,方可进行下道工序施工。对工程的重点部位、关键工序及隐蔽工程,均设立质量控制点,实行旁站监理,确保项目工程质量始终处于监控之下。

3.2 工程进度控制

进度控制是建设监理工作三大控制目标之一,直接影响工程投资效益的发挥,监理部采用了主动控制与动态控制相结合的方法,围绕进度控制目标,进行监督、管理,从而使得整体工程顺利完工。

1)审批施工单位编制的工程进度计划

督促施工单位按合同技术条款规定的内容和时限,编制施工总进度计划,明确施工方法、施工场地、道路利用的时间和范围,以及机械需用计划、主要材料需求计划、劳动力计划等,并督促施工单位根据本工程特点和难点,对总进度计划进行合理分解,以保证其可操作性。依据总进度计划,把单位工程施工进度分解为月、周进行控制,每周、每月检查施工进展,发现问题及时解决,确保了施工进度阶段性控制目标的实现。

进度控制的重点是监理工程师对报送的实施进度计划进行审查。监理部从人力、资金、设备、技术方案及相关工序的影响上重点审查其逻辑关系、施工程序、资源的均衡投入及施工进度安排对施工质量和合同工期目标的影响等方面。将批准的施工总进度计划作为控制合同进度计划、合同工程进度的依据,并找出关键路线及阶段性控制点,作为进度控制的工作重点来抓。

2)督促施工单位进场、适时发布开工令

按照合同要求,监理部积极督促施工单位及时调遣人员、设备、材料进入工地,并现场检查进场施工机械设备的型号、规格、数量、性能及工作状况等指标是否满足工程需要,对不能满足工程需要的机械设备,要求施工单位及时加大工作力度,立即更换或增加设备,及时签发工程开工令。

3)施工进度的监督、分析与调整

在合同实施过程中,为了解工程实际进展,监理工程师随时监督、检查和分析施工单位的月、周施工进度作业状况;监理工程师每日到施工现场实地检查进度执行情况,做好监理日志;另外,监理部现场定期与不定期召开有关进度方面的生产协调会议,获得现场施工信息,从中了解到施工中潜在的问题,以便及时采取相应措施。对这些获取的数据进行必要的处理和汇总,将工程实际进展与原计划进度进行比较,从而对施工现状及未来进度动向加以分析和预测,及时进行调整,使工程形象进度满足控制性总进度计划的要求。

4)加强施工组织协调

监理部积极协助、参与业主单位进行的组织协调工作。排除征迁工作、施工干扰等不利因素对正常施工造成的影响,为施工单位创造较好的外部环境,促进了工程进展。

3.3 工程投资控制

投资控制是整个工程建设项目最重要的组成之一,是保证整个工程顺利实施、按期完成及投资目标实现的关键。根据合同规定对施工单位采用按实际完成工程量逐月结算。每月由施工单位提出工程结算申请,经监理部审核签证、报业主批准支付,这是协助项目法人控制资金使用的有效措施。本工程主要以单价承包形式为主,施工中出现的合同外项目、设计优化,引起工程量与投资的变化,都要调查研究、认真核实、提出处理意见,报项目法人核定。因此,在投资控制工作中,坚持"承包合同为依据,单元工程为基础,施工质量为保证,量测核定为手段"的支付原则,严格按合同支付结算程序执行,经过大量认真细致的工作,工程投资得到了有效控制。具体做法如下:

1)掌握招投标文件,加强合同管理,编制合同支付监理工作程序

本工程通过招标的方式与施工单位签订的合同主要部分是单价承包合同,环境条件的变化可能导致工程漏项和设计优化,因此在施工中的投资控制不仅有合同内项目的投资控制,还有新增项目的投资控制。监理部介入工程后,即组织有关人员掌握招投标文件的详细内容,如工程概况、主要材料供应情况、中标标书各项费率等。在认真熟悉招投标文件及有关合同文件之后,编制合同支付监理工作程序,使投资控制有据可依。这些都直接关系到以后工程费用的计量和支付问题,为后续投资控制打下了良好的基础。

2)严格控制计量支付

计量测量,按合同文件和施工测量规范要求,由建设单位、设计单位、监理部及施工单位进行联合测量,确定单价项目工程量。施工单位将测量成果报监理部审核,建设单位核准后,以此作为工程计量和价款结算的依据。

投标书工程量报价表中所列的工程量,不能作为合同支付结算的工程量。施工单位申报支付结算的工程量,应为监理工程师验收合格、符合支付计量要求的已完工程量,按合同报价单支付分类单价,按单位工程、分部工程、单元工程分类进行量测与度量。对图纸中不能确定的项目,则要进行现场量测。对凡未按设计要求施工完成,或开工、检验等签证手续不全,或施工质量不合格,或合同文件规定业主不另行予以支付的项目,一律不予计量支付。

3)设计变更

施工过程中由于现场情况的变化,对部分工程内容进行优化。监理部本着对工程安全和工程质量负责的态度,严格按照工程变更程序进行工程变更处理。首先,监理收集有关工程的详细资料,结合工程施工特点和施工条件,审核变更的必要性、可行性及工程投资的影响,通过技术经济比较后,及时将有关情况反馈给建管处和设计单位,并提出合理化建议。

在工作中,对确定过的变更需要调整合同价格时,按以下原则确定其单价或合价:①工程量清单中有适用于变更工作的项目时,应采用该项目的单价或合价;②工程量清单中无适用于变更工作的项目时,则可在合理的范围内参考类似项目的单价或合价执行;③如果没有相似的项目,由施工单位按国家定额编报预算,报监理审核,并经发包人审核同意后确定单价。

4)合同外项目处理

因各种原因出现的合同外工程,依据相关文件、会议纪要,按照监理程序要求,由施工

单位提出实施方案和费用预算,经监理部审核、业主单位批准后实施。实际发生的费用由施工单位提出费用申请,监理部审核、业主单位核定后予以支付。

5)技术是控制项目投资的有效手段

在施工图及施工技术方案的审查中,充分注意技术方案的选择问题。由于施工技术方案直接关系到投资,故对认为有可能进一步优化的工程项目,要求施工方提供多个施工方案,监理对提出的方案进行技术经济分析,选取那些技术上可行、安全上可靠,投资较省的方案。

6)投资分析

在工程施工过程中,监理工程师既要考虑到投资的控制,又要考虑投资对项目实施的影响,在符合合同条款规定的前提下,从有利于工程进度的角度出发,监理部在工程支付中及时按合同规定审核各阶段的支付申请,开具支付证书。同时,监理工程师定期地进行投资实际值与目标值的比较,通过这种形象、直观的比较发现并找出实际支出额与投资控制目标值之间的偏差,然后分析产生偏差的原因,并采取有效措施加以控制,以保证合同投资目标的实现,使投资控制能有效地促进项目进度按计划完成,使工程进度付款成为促进工程进度、确保进度完成的有力手段。

投资控制原则:依据合同约定,承包人提交的资金流计划;发包人编制的合同项目的付款计划;根据工程实际进展,严格控制投资。

投资控制总目标:确保工程投资控制在批准的投资规模内,力争节约;依据施工合同,建立投资控制目标体系,使投资控制在概算以内。

投资控制内容:对合同付款情况进行分析,提出资金流调整意见;审核工程付款申请,签发付款证书;根据施工合同约定进行价格调整;根据授权处理工程变更所引起的工程费用变化事宜;根据授权处理合同索赔中的费用问题;审核付款申请,签发付款证书;审核最终付款申请,签发最终付款证书。本期工程中,监理部规定每月25日为工程款结算日,承包人结算时,按监理规范规定的格式向监理工程师递交工程月付款申请表,本期工程采用单价方式承包,工程结算按实际完成的工程量进行申报,工程月进度付款以当月实际完成的工程量乘以合同单价。每次结算时,按照招标文件专用合同条款约定,扣留结算金额的5%作为保留金,待保修期满后退还给承包人。工程月付款申请表经监理工程师审核签认后,由总监理工程师签字并向建管局签发月进度付款支付证书,建管局工程管理科、质量安全科、财务部、主管局长、局长签字同意支付后,建管局财务部将工程款支付给承包人。

投资控制的措施:首先严格控制工程计量,包括经监理机构签认,并符合施工合同约定或发包人同意工程变更项目的工程量及计日工;经质量检验合格的工程量;承包人实际完成的并按施工合同有关计量规定计量的工程量。其次对付款申请的审查,只有计量结果被认可,监理机构方可受理承包人提交的付款申请。承包人应按照规范的表格式样,在施工合同约定的期限内填报付款申请报表。然后监理机构在接到承包人付款申请后,在施工合同约定时间内完成审核。因承包人申请资料不全或不符合要求,造成付款证书签证延误,由承包人承担责任。

在施工过程中,由于设计修改而增加了投标报价表中没有的工程项目时,由承包人依照设计修改通知单,根据有关水利工程定额及取费标准编报增加项目的工程单价,经监理工程师审核签证和建管局计划合同部审批后形成合同的补充文件,作为工程价款结算的依据。

总之,在工程结算方面,监理部本着公正、公平、科学、合理的原则,尽力使建设资金合理利用。

3.4　安全生产、文明施工

(1)督促施工单位建立健全施工安全保障体系和安全管理规章制度,设立安全管理机构和专职安全员,对职工进行施工安全教育和培训,对施工组织设计和单项工程安全生产措施进行审查。

(2)施工过程中,监督检查施工单位执行施工安全法律、法规和工程建设强制性标准及安全措施情况,发现不安全因素和安全隐患时,及时指示施工单位采取有效措施予以整改。

(3)检查现场施工人员的安全管理状况,如安全纪律牌、施工公告牌、安全标示牌、安全标语牌及场区排水、材料、构配件堆放是否存在安全隐患等。审查各种施工机械、机具的安全操作措施,要求操作人员必须持证上岗,并监督其组织实施。

(4)每年汛前督促施工单位编报度汛方案和防汛预案,并对其审查,对防汛、度汛组织机构和准备情况进行检查。

3.5　环境保护

(1)督促施工单位在施工过程中,严格遵守国家有关环境保护的法规及规定,并按照施工合同的要求编制施工环境管理和保护方案,对落实情况进行检查。

(2)督促施工单位严格按批准的弃渣规划进行有序堆放、处理或利用,防止任意弃渣造成环境污染、影响河道行洪安全及对下游居民安全构成威胁。

(3)监督施工单位避免对施工区域的植物和建筑物等进行破坏,对施工中开挖的边坡及时进行防护和做好排水措施,并对受到破坏的植被及时采取恢复措施。

(4)施工单位要积极采用先进设备和技术,加强对噪声、粉尘、废水、废气的控制和治理,并要求达到有关规范、规定的要求,将对附近居民和周围环境的影响降到最低。

(5)要求施工单位保持施工区和生活区环境卫生,及时清除垃圾和废弃物,并运至指定地点进行处理。

(6)工程完工后,督促施工单位按施工合同约定拆除施工临时设施,清理场地,做好环境恢复工作。

3.6　合同管理

在本工程施工过程中,合同管理是监理工作的核心任务之一,它和技术管理互为补充,构成了监理工作不可分割的两大部分。合同管理工作的成败,直接关系到监理工程师能否进行有效的技术管理,直接关系到监理工作的成败。监理工程师在学习合同、熟悉合同、准确理解合同的前提下,认真履行各自监理职责,做到两个"一",即"一切按程序办事,一切凭数据说话",抓住计量与支付这一核心,认真解决好工程变更,充分利用工地会议这一必要手段,对工程合同进行较好的管理。

工地会议是建设单位、设计单位、监理单位、施工单位就合同执行过程中所出现的各类问题进行相互交流、讨论、研究、决定的重要方式,也是监理工程师进行技术管理和合同管理不可缺少的必要手段。在工地会议上，监理工程师可全面了解施工单位的合同执行情况，并可就执行过程中出现的一些合同管理问题向施工单位提出询问和发出指示。由于工地会议一般都要形成书面纪要，这也成为了合同执行过程中的重要书面文件，从而解决了合同管理中的一些问题。

在工程开工前，监理部组织监理人员认真学习合同文件，逐条分析合同条款，为合同管理打好基础，各标段进场准备后，监理部按合同规定，首先检查合同双方的工作准备情况：检查承包人的进场人员、施工设备、临时设施、进场材料检验、施工放样等，以及发包人提供的现场施工条件等。当工程准备工作达到合同要求，具备开工条件后，总监理工程师签发开工令。

在工程施工过程中，当现场实际情况与设计图纸发生偏差时，监理部及时组织建管处、设计单位及有关单位现场察看，根据实际情况由设计单位作出设计变更，经建管处认可后，由监理部审查向承包人发布变更通知，交承包人实施。没有监理人指示，承包人不得擅自变更。

3.7　信息管理

信息是监理工作实施控制的基础、决策的依据和协调各有关单位的重要媒介。为了更好地进行三控制及促进工程施工合同的全面履行，进一步促进工程信息及时传递、反馈与处理的标准化、规范化、程序化和数据化，并确保工程档案的完整、准确、系统和有效利用，为此，监理部制定了工程资料管理办法。在掌握大量信息的基础上，充分发挥监理的协调作用，使建设各方有机地组织起来，发挥了他们在工程项目建设中的各自作用。

监理部将档案工作纳入工程建设的全过程，选派专人进行档案管理工作。建立工程资料处理制度，包括收文、发文制度，严格按照收发文处理流程进行收发文；工程档案必须做到完整、准确、系统，并做到字迹清楚、图面整洁、装订整齐、签字手续完备；做到及时对信息文件进行收集、整理、维护。监理月报、监理通知、监理日记、会议纪要、投资支付一览表、支付计算成果、工程量复核成果等，这些信息均在计算机内有备份，可随时查阅、分析和运用。在施工过程中定期对施工单位资料的归档情况进行监督、检查，保证工程资料的准确性、真实性。

信息管理是监理工程师管理工作的基础、作出监理决策的依据、协调各参建单位的重要媒介。监理信息的主要来源是参建各单位的来往文件、现场意见交流、监理日记、协调会议纪要等渠道，主要包括以下内容：

图纸：按照合同文件规定，图纸由设计单位提供，交发包人经监理工程师审查、签字生效、编号、登录、存档。

设计变更通知：编号、登录、存档。

基本资料：设计文件、国家有关法规、项目审批文件、合同文件、各种技术规范、各种工作手册、监理单位内部制定的文件等均建立资料档案。

收文：参建各方来文在收文簿上进行登记，内容包括来文单位、题目、主要内容、收到时间等。

发文：向施工单位出示的函件、通知、指令等，按规定拟稿、校核、审查、签订、打字、校对送文，各类发文编号存档。

现场检验资料:试验资料、观测资料要整理归档,分门别类整理成册,后集中管理。

工程照片:包括形象面貌的质量事故,拍照时应专门登记说明拍摄时间、拍摄人员等,拍摄后及时冲洗,分类编排加注文字说明,归档保存。

本期监理部收集和整理的工程资料:工程的单元、分部及单位工程的验收资料,监理日记、监理大事记、会议纪要、监理月报、监理通知、监理部组织召开的各种会议记录、监理部下达的各种指令、监理工程师与承包人、建管局的发文、收文,承包人上报的各种报表及提交的各种试验资料。

监理部对收集到的各种信息资料:按投资、进度、质量等科目进行分类管理,并用计算机进行辅助处理,以文字或表格形式分盒存放。为了搞好监理信息资料的管理,监理部进场后制定了文件收发文登记及分类管理制度,并制定了各种监理表格。监理日记主要由监理员记录,内容包括工程项目名称、日期、天气情况、施工区域及内容、投入施工的人员及机械设备情况、现场施工及验收情况、质量问题及处理情况等。

3.8　组织协调

妥善处理与项目法人、设计单位、施工单位的关系,做好协调工作是监理工作的一项主要内容。要使工程顺利实施,必须项目法人、设计单位、监理单位、施工单位四位一体密切配合,而监理单位从中要做大量的协调工作,在严格执行合同的前提下,结合工程的实际情况灵活处理好各方的关系。

在与项目法人的关系上,受项目法人的委托,对合同进行综合管理,工作中监理工程师应本着对项目法人负责,严格履行合同的宗旨。在与设计单位的关系上,工作中充分尊重设计意见,支持设计代表的工作,督促施工单位按合同、设计图纸和有关规程规范施工。对有关各方及施工单位提出的合理化建议引起的设计变更,按设计审核权限与设计方面协商处理。在与施工单位关系上,监理是受项目法人委托代表对其工程全过程实行全面监督管理,因而在工作中既要维护合同的严肃性,督促施工单位按合同条款保质保量按期完成施工项目,又要实事求是地处理好合同变更和协调解决有关技术等问题。

监理部始终坚持“守法、诚信、公正、科学”的工作准则,正确处理与参建各方的关系,既维护业主的利益,又保护施工单位的合法权益;建立参建各方协调处理工作制度,协助发包人定期或不定期的召开工程调度会、专题研讨会、设计交底会、情况汇报会和工程分析会。始终以合同文件为依据,根据合同文件中规定的各方的责任与权利,实事求是地处理项目法人和施工单位的争议。

在工程施工过程中,当地乡镇村组等部分农民,由于征地补偿、移民等问题,多次以各种非正常的方式,干扰工程施工,使工程不能正常进行施工。监理部与建设、施工等单位通过多次协调,化解矛盾,避免了大量的纠纷,使工程能够顺利的完成。

4　监理效果

4.1　质量控制监理工作成效

在工程质量控制上,监理部在施工单位“三检制”的基础上,采取跟踪检测、平行检测、旁站等手段,严格按照施工监理程序,加强事前、事中控制,对工程质量全面认真检查、严格把关,依据有关质量评定与验收规程、标准,进行质量评定,工程质量得到较好的控制。

根据《水利水电工程施工质量检验与评定规程》(SL 176—2007)有关项目划分的原

则,结合本期工程的设计标准及工程特点、工程各部位特征和施工因素,拟定单位、分部、单元工程划分意见,并上报××水利水电工程建设质量监测监督站,经质监站批准后,监理部下发到各施工单位执行。

根据××河近期治理工程项目划分,共划分为35个单位工程。根据《水利水电工程施工质量检验与评定规程》(SL 176—2007)、《水利水电工程单元工程施工质量验收评定标准-堤防工程》(SL 634—2012),对完成的工程进行质量评定。根据《水利水电建设工程验收规程》(SL 223—2008),编写《单位工程验收签定书》《监理工作报告》。

单位工程工程验收小组成员通过现场查看、听取有关单位汇报、查阅施工资料,一致认为××河近期治理工程已按设计标准完成,工程质量满足有关规范、规程和设计要求,施工中未发生过任何质量事故,资料齐全,同意通过单位工程验收。

经单位工程验收35个单位工程,有20个单位工程被评为优良,优良率57.1%。

4.2 进度控制监理工作成效

工程进度控制是监理工作"三控制"的中心环节。工程正式开工以前,监理部以监理通知的形式要求施工单位以总工期为目标,倒排工期,做出较详细的施工组织设计,施工总进度计划,并上报监理部。监理部将施工单位报来的施工组织设计经过认真分析研究和修改以后,再下发到施工单位,要求严格按照此批复控制施工进度,并以此作为投资、投劳和准备原材料的依据。这样,在监理工程师的督促检查帮助下,各标段都按照施工计划圆满完成各自的施工任务。

本监理工期目标:工期总目标为××年××月开工,××年××月底全部竣工,并具备工程验收条件。

4.3 投资控制监理工作成效

在投资控制方面,通过对地形断面进行联合测量,对各项工程量依据设计图纸和测量原始断面进行计算复核,严格执行合同支付结算程序,本着客观、公正和实事求是的原则,处理合同外项目,工程投资得到较好的控制。本监理标段××河近期治理工程施工承包合同价款为××.××元,竣工决算金额为××.××元。

4.4 施工安全监理工作成效

在施工过程中,对基坑施工围护、脚手架搭设方案等施工单位提交的施工组织设计和专项方案进行审查,执行《危险性较大工程安全专项施工方案编制及专家论证审查办法》对施工单位的安全技术交底情况进行检查。

4.5 文明施工监理工作成效

认真学习环境保护法规,积极开展"整理、整顿、清理、清洁和素养"活动。建立健全文明施工的标准、规定、教育培训、考核记录、文明施工活动记录等文明管理制度。把工地施工期间所需的物资和机械设备在空间上合理布置,实现人与物、人与场所、物与物之间的最佳结合,使施工现场秩序化、标准化、规范化,体现文明施工水平。监理部要求所有施工单位明确工作纪律,严禁与当地群众发生冲突,爱护群众的庄稼和财产,不损坏群众的利益,配合当地政府搞好社会治安和精神文明创建。

在合同规定的施工活动范围内的植物、树木等都做到了尽力保护,对施工期间破坏的植被都进行了恢复。施工期间生活污水和生产废水按监理部要求有组织排入指定的水坑内,生活垃圾运至指定的地方进行处理。开挖弃渣、生产废渣、杂物运到建设单位指定的弃渣场,并在场区内经常洒水养护,防止路面尘土飞扬。在工程完工后,及时拆除临时设施,清理场地,农民的耕地都及时移交给当地群众进行了复耕,工程范围的裸面都及时进行了种草和植树,较好地保护了环境。

5 工程评价

5.1 工程设计方面

设计单位能按施工计划要求提交设计图纸,在建管局、监理部的组织下,进行技术交底和图纸会审。项目负责人经常到现场、设计代表经常驻现场,对隐蔽工程、关键部位进行验收检查,提出指导性意见,并对现场出现的与施工图纸不符合的设计内容进行满足工程施工的优化变更,使工程施工更好地进行。

5.2 工程质量方面

在参建各方的努力下,××河近期治理工程35个单位工程,有20个单位工程被评为优良,优良率57.1%。

5.3 工程进度方面

工期总目标为××年××月开工,××年××月底全部竣工,并具备工程验收条件。

由于堤防加固工程涉及市、县、乡、村多层次当地政府的移民征地拆迁、设计变更等不确定因素,土建、金属结构、电气等存在交叉作业,经工程参建单位的共同努力,克服施工外部环境复杂等不利因素的影响,××年××月底工程基本完成。

6 经验与建议

在××河近期治理工程监理工作的实施过程中,监理部本着"公正、科学、诚信、守法"的原则,正确处理参建各方的关系,最大限度地维护业主的利益,保护承包人的合法权益,从而保证了工程的顺利完成。

在本项目监理实施过程中,监理部按照合同条款,严格执行国家有关法律和行政法规文件,水利水电工程建设有关规程、规范和相关规定,工程已批准的设计文件、图纸、技术说明、设计变更通知、会议纪要及其他补充文件等技术文件,凭借多年从事监理工作的实践经验,在工作中积极与业主、施工、设计、管理、质量监督等单位进行密切配合,实现了"三控制、三管理、一协调"的监理工作目标。建设过程中没有发生工程质量事故和安全事故,35个单位工程,有20个单位工程被评为优良,优良率57.1%。投资控制合理,实现了监理目标。

6.1 经验

(1)建管单位的理解和支持是搞好监理工作的基础。建管单位充分尊重监理的意见,维护监理的威信,支持监理工作,为监理工作的顺利开展奠定了良好的基础。同时,建管单位健全的质量管理体系为工程建设的顺利实施提供了切实可行的保障。

(2)设计单位完善的设计确保了工程的顺利实施。设计单位首先提供了较为完善的施工图纸,工程实施中多次深入工地解决施工中存在的问题,参建单位提出的合理化建议设计单位都能够积极采纳。施工中派驻的设计代表能够及时、准确地处理现场问题。所有这些都确保了工程项目的顺利实施。

(3)地方政府的支持是工程建设顺利实施的保证。本工程位于市中心且是××市主要交通要道,施工中既要保证施工进度、质量,同时更为重要的是保证施工安全,确保不出安全事故。施工期间得到了××市民和各级政府的大力支持。地方政府发挥团结治水的精神,正确处理地方与工程建设的关系,确保了工程正常实施。

(4)承包单位支持配合监理的工作是共同做好工程的关键。施工中监理积极主动为建设单位当好参谋,为承包单位搞好服务。承包单位积极配合监理的工作,监理的指示都能得到较好的执行,监理也配合承包单位的施工,双方共同努力确保了工程建设质量。

(5)监理单位高度的职业责任心和派出的精干队伍。监理工程师着眼于"理"和"服务"。"理"即理顺协调关系,相互理解,尊重事实,以理服人,合情合理。"服务"的双重性,即在为业主提供高水平专业服务的同时,也为施工单位在技术和施工组织管理上出谋划策,帮助施工单位解决在施工过程中遇到的困难和问题。

(6)安全生产、文明施工是保障。在建管处的领导下,监理部非常重视安全生产和文明工地建设,开工前,督促施工单位建立健全安全保证体系、组织制度。在施工过程中,定期开展安全生产教育,多次进行安全生产和文明工地建设检查,对发现的安全隐患及时提出,并立即整改。正是建管处和监理部对安全生产工作常抓不放,因此在施工中,未出现任何安全事故,为工程建设奠定了良好的基础。

6.2　建议

为便于今后更好地开展工作,通过本期工程项目的监理,我们有以下几点建议:

(1)业主在工程招标时,要实地考察承包人的实力,选择施工技术力量好的,满足工程承包能力的单位,以确保工程按要求施工。

(2)开工前,发包人应尽可能做好前期征地拆迁工作,协调好与当地群众的关系,为按期开工创造条件,以保证按时完成工程施工,使工程早日投入使用。

(3)工程项目设计时要尽量详细、切合实际,以免施工时新增、变更项目,特别是重大变更等引起合同变更,不仅增加合同管理难度,而且影响工程施工进度;开工前期及时做好技术交底,让建设、监理、施工等参建单位能了解设计意图、要点和施工难点,特别是让现场施工技术人员理解图纸是十分必要的;施工过程中针对图纸中的"错、漏、碰、缺"、现场施工及地质条件变化等情况,及时组织设计部门作出变更、优化设计。通过设计变更,进一步完善了施工图设计。

(4)监理工作人员,要不断地掌握工程全面进展的信息,并及时报告驻地监理工程师,以使监理工程师能熟悉工程的各个部分,监理人员要经常不间断地巡查工程,并记录下工程进展及详细情况和与工程有关的情况。为了使监理人员具有一定的技术专长,应加强对人员的培训和再教育,历经磨练才能具有丰富的经验,优秀的监理人员能及时发现和纠正承包商的错误,减轻监理部的工作压力,发包人更要支持他们的工作,维护他们的威信,以利监理工作的顺利开展。

7　附件

7.1　监理机构设置与主要工作人员情况表

(1)监理机构设置(略)。

(2)主要工作人员情况表。

主要监理人员情况表

序号	姓名	拟担任职务	工作职责及内容
1	×××	总监理工程师	主持监理部全面工作
2	×××	副总监理工程师	主持监理部工作
3	×××	合同管理监理工程师	现场专业监理工程师
4	×××	水工监理工程师	现场专业监理工程师
5	×××	测量监理工程师	现场专业监理工程师
6	×××	地质监理工程师	现场专业监理工程师
7	×××	监理员	现场监理员
8	×××	监理员	现场监理员
9	×××	监理员	现场监理员

7.2 监理工作大事记

(略)

【请你完成】

1.认真阅读实际工程项目监理月报实例(上网查找或本教材的实例),并分析监理月报的作用和意义。

2.认真阅读监理工作报告,找出其编写的优点和不足之处。

任务五 监理日志填写

【请你思考】

监理工程师在日常工作中,要有多种记录,这些记录不只是监理人员的工作记载,也是他们解决合同纠纷的依据和存档的资料,有些记录还会成为合同中的重要补充内容,那么你是否知道监理记录有哪些?监理日志的作用和特点又是什么?

【请你参考】

监理日志是项目监理部的日常记录,它动态地反映出所监理工程的实际施工全貌和监理部的工作成效。监理日志也是工程实施过程中监理工作的原始记录和最真实的工作依据,它作为监理的工程跟踪资料是监理资料的重要组成部分,监理日志填写前要做好相关信息的收集工作,填写时用词要简洁达意、书写清楚工整。

监理日志并非监理日记,监理日记是参与现场监理的每位监理人员对施工现场的工作记录,日记中应记录每天作业的重大决定、对施工单位的指示或协商、发生的纠纷及解决的办法、与施工单位的口头协议、工程师对下级的指示、工程进度或问题等。

监理日志是总监理工程师指定专人填写的,监理日志应按监理工程所包括的施工合同单独填写,并按月装订成册。如施工合同的单位工程个数较多,可根据施工合同所包括的单位工程类别分别填写并汇总成册。

一、监理日志分类与填写

(1)监理日志可分为项目监理日志和专业监理日志,每个工程项目必须设项目监理日志,对于专业不复杂的工程项目,由项目总监理工程师确定亦可取消专业监理日志,只设项目监理日志。

(2)专业监理日志和项目监理日志不分层次,平行记载并归档。

(3)专业监理日志由专业监理工程师填写,定期由项目总监理工程师审阅并逐日签字;项目监理日志可与主要专业(如土建专业)监理日志合并,由项目总监理工程师或项目总监理工程师指定专人当日填写,项目总监理工程师每日签阅。

二、专业监理日志记录内容

(一)日期及气象情况

记录当天日期、气温及天气情况。主要包括当日最高、最低气温,当日降雨(雪)量,当天的风力、风向等。

气候条件不仅影响工程进度而且也影响工程质量,因此要详细记录气候情况。

(二)施工工作情况

1.施工进度情况

记录当天施工部位、施工内容、施工进度、施工班组及作业人数、施工投入使用的机械设备数量、名称。施工进度除应记录本日开始的施工内容、正在施工的内容及结束的施工内容外,还应记录留置试块的编号(与施工部位对应)。重要的隐蔽工程验收、施工试验、检测等应予摘要记录,以备检索。若发生施工延期或暂停施工应说明原因。要深入施工现场对每天的进度计划进行跟踪检查,检查施工单位各项资源的投入和施工组织情况并详细记录进监理日志。

2.建筑材料情况

记录当天建筑材料(含构配件、设备)进场情况,填写材料(含构配件、设备)名称、规格型号、数量、产地、所用部位、取样送检委托单号、试验合格与否(补填)、验证情况、不合格材料处理等。对进场的原材料应详细记入监理日志。需要进行见证取样的,应及时取样送检,并将取样数量、部位及取样送检人记录清楚。

3.施工机械情况

记录当天施工机械运转情况,填写机械名称、规格型号、数量及机械运转是否正常,若出现异常,应注明原因。

(三)本专业监理工作情况

(1)现场质量(安全)问题的发现和处理。监理人员应做好旁站、巡视和平行检验等现场工作。现场监理工作要深入、细致,这样才能及时发现问题、解决问题,监理人员应在当天现场检查工作结束后,按不同施工部位、不同工序进行分类整理,并按时间顺序记录当日主要监理工作和监理在现场发现及监理预见到的问题,并应逐条记录监理所采取的措施及处理结果,对于当日没有结果的问题,应在以后的监理日志中得到明确反映。

(2)当日收发文号、收发文的主题及重要文件的内容摘要,包括收到的各方要求、请示来文和当日签发的监理指令(如指令单、通知单、联系单)、监理报表(各种施工单位报审表及监理签证等),并应逐一说明监理落实处理上述收发文的情况。

(3)有关会议纪要及工程变更和洽商摘要。

(4)本专业重要监理事件的记录。

(5)其他事宜。

三、项目监理日志记录内容

(一)日期及气象情况

记录当天日期、气温及天气情况。

(二)项目施工工作情况

记录主要专业相应施工工作情况。

(三)项目监理工作情况

(1)与项目监理日志合并的主要专业监理工作情况,内容可比照专业监理日志中相应要求填写。

(2)专业监理日志所未记载的收发文。

(3)涉及整个项目的会议及工地洽商等,项目监理日志应予记载。

(4)专业监理日志所未记载的综合性监理事件,对于重大监理事件,应予详细记载。

(5)其他事宜。

四、监理日志记录注意事项

(1)准确记录日期、气象情况。有些监理日志往往只记录时间,而忽视气象记录,其实气象情况与工程质量有直接关系。因此,监理日志除写明日期外,还应详细记录当日气象情况(包括气温、晴、雨、雪、风力等天气情况)及因天气原因而延误的工期情况。

(2)做好现场巡查,真实、准确、全面地记录工程相关问题。监理人员在书写监理日志时,要真实、准确、全面地反映与工程相关的一切问题(包括"三控制、三管理、一协调")。

(3)监理日志应注意监理事件的"关闭"。监理人员在记监理日志时,往往只记录工程存在的问题,而没有记录问题的解决,从而存在"缺口"。发现问题是监理人员经验和观察力的表现,而解决问题是监理人员能力和水平的体现,是监理的价值所在。在监理工作中并不只是发现问题,更重要的是怎样科学合理地解决问题。所以,监理日志应记录所发现的问题、采取的措施及整改的过程和效果,使监理事件圆满"闭合"。

(4)监理日志记录后,要及时交项目总监理工程师审阅,以便及时沟通和了解,从而促进监理工作正常有序地开展。

【实例参考】

监理日志填写表格样版如下。

监 理 日 志

××年××月××日至××年××月××日

合同名称：××工程建设监理合同

合同编号：××-××

发 包 人：××水库管理局

承 包 人：××水利水电建设有限公司

监理机构：××公司××项目监理中心

监理工程师：×××

监 理 日 志

（监理[2015]日志002号）

填写人：×××　　日期：2015年10月9日

天气	晴	气温	18 ℃	风力	5级	风向	西北
施工部位、施工内容、施工形象及资源投入（人员、原材料、中间产品、工程设备和施工设备动态）	1标段：标段大坝充填灌浆0+025~0+045，大坝充填灌浆已完成67%；DJ-250钻机1台、泥浆机1台，运行正常，设备完好，施工人员齐全，组织有序。 2标段：上游坝坡干砌石施工、下游坝坡浆砌石排水沟施工、坝顶放浪墙浆砌石施工；上游坝坡干砌石完成71%、下游坝坡浆砌石排水沟完成65%、坝顶防浪墙浆砌石完成64%；砂浆搅拌机2台、装载机2台，运行正常，设备完好，施工人员齐全，组织有序						
承包人质量检验和安全作业情况	1标段：能够保证"三检制"的执行，相关质检人员及记录满足质量控制要求。操作人员及现场施工人员佩带安全帽并遵守安全操作规程。 2标段：能够保证"三检制"的执行，相关质检人员及记录满足质量控制要求。砌石施工人员能遵守安全操作规程并佩带安全帽						
监理机构的检查、巡视、检验情况	1标段：对大坝充填灌浆施工各道工序进行了检查，未发现问题，进行×-×-××单元验收、质量评定。 2标段：对坝顶防浪墙浆砌石及砌石施工进行了巡视，进行×-×-××单元验收、质量评定						
施工作业存在的问题、现场监理提出的处理意见及承包人对处理意见的落实情况	1标段：未发现问题。 2标段：上游坝坡干砌石有浮砌和叠砌情况，要求返工处理，下游坝坡浆砌石排水沟、防浪墙浆砌石局部砂浆不饱满，要求返工处理，下发监理整改通知						
监理机构签发的意见	应加强砌石护坡施工质量的监理，加强充填灌浆质量的检查及控制 总监理工程师：×××						
其他事项	08:30建设单位工程部×××部长到工地查看						

说明：1. 本表由监理机构指定专人填写，按月装订成册。

2. 本表栏内内容可另附页，并标注日期，与日志一并存档。

【请你完成】

1. 监理日志的类型有哪些？它们记录的对象分别是什么？

2. 监理日志记录的主要内容是什么？

参考文献

[1] 王海周,杨胜敏. 水利工程建设监理[M]. 郑州:黄河水利出版社,2010.
[2] 中国水利工程协会. 水利工程建设监理概论[M]. 2 版. 北京:中国水利水电出版社,2010.
[3] 中华人民共和国水利部. SL 288—2014 水利工程施工监理规范[S]. 北京:中国水利水电出版社,2014.
[4] 中华人民共和国水利部. 水利工程施工监理招标文件示范文本[M]. 北京:中国水利水电出版社,2007.
[5] 中华人民共和国水利部. GF—2007—0211 水利工程建设监理合同示范文本[S]. 北京:中国水利水电出版社,2007.
[6] 王立权. 水利工程建设项目施工监理实用手册[M]. 2 版. 北京:中国水利水电出版社,2004.
[7] 张华. 水利工程监理[M]. 北京:中国水利水电出版社,2004.
[8] 娄鹏,刘景运. 水利工程施工监理实用手册[M]. 北京:中国水利水电出版社,2007.
[9] 陈惠忠,姜和平,陈昌杰. 水利水电工程监理实施细则范例[M]. 北京:中国水利水电出版社,2005.
[10] 姜国辉. 水利工程监理[M]. 北京:中国水利水电出版社,2005.
[11] 钟汉华,赵旭升. 工程建设监理[M]. 2 版. 郑州:黄河水利出版社,2009.
[12] 张梦宇,梁建林. 工程建设监理概论[M]. 北京:中国水利水电出版社,2006.
[13] 刘军号. 水利工程施工监理实务[M]. 北京:中国水利水电出版社,2010.